통합과학 교과서
한 번에
통과하기

1

1

신영준 김호성 박창용 오현선 이세연
지음

미래 사회에는
어떤 사람이 필요할까?

10년 후, 우리의 일상은 어떤 모습일까요?

불과 몇 년 전만 해도 상상 속에 머물렀던 기술들은 이제 현실로 이루어졌거나, 실현을 눈앞에 두고 있습니다. 자율주행 전기차, 인공지능 비서, 고해상도 홀로그램 회의, 웨어러블 번역기, 맞춤형 식사 시스템, 가상 현실 공연, 드론 방범 서비스, 생체 인증 기반 모바일 투표까지. 우리는 이전 세대가 상상조차 하지 못했던 세상을 마주하고 있습니다.

기술의 발전은 삶의 방식과 사회 구조는 물론, 인간에게 요구되는 능력마저 바꾸고 있습니다. 그러나 우리의 교실은 이러한 변화의 속도를 따라가지 못하고 있습니다. 여전히 동일한 내용을 주입하고, 실수 없는 정답만을 요구하는 교육의 한계가 드러난 것입니다.

지식을 빠르고 정확하게 처리하는 인공지능의 시대에, 오직 인간만이 가진 고유한 능력은 무엇일까요? 우리가 주목해야 할 것은 '과학하는 능력'입니다. 이는 단순히 지식을 외우는 것이 아니라, 현상에 대해 '왜', '어떻게'를 묻고, 스스로 탐구해 나가는 태도와 과정을 의미합니다. 인공지능은 지식을 활용할 수 있지만, 질문을 던지고 새로운 의미를 창출하는 능력은 오직 인간에게만 있습니다. 바로 이 지점이 미래 인재를 가르는 기준이 될 것입니다.

『통합과학 교과서 한 번에 통과하기』는 학생들이 과학적 사고력과 창의성을 기르는 과정에 도움을 주고자 기획한 책입니다. 이 책은 고등학교 통합과학 교과의 핵심 개념을 짚는 동시에, 교과서에서 다루기 어려운 심화 해설과 사고의 확장까지도 담아내었습니다. 통합과학은 다음과 같은 핵심 질문들을 하나의 스토리 라인으로 엮어낸 과목입니다.

- 자연은 무엇으로 이루어져 있고, 어떤 규칙성을 지닐까?
- 자연은 어떤 시스템으로 구성되어 있고, 어떻게 상호 작용할까?
- 인류는 자연의 변화를 어떻게 이용해 왔을까?
- 환경과 에너지 문제에 우리는 어떻게 대처해야 하며, 과학은 미래 사회에서 어떤 역할을 할까?

이처럼 통합과학에서는 자연 현상에 대한 과학적 설명을 넘어서, 현상을 인간과 사회, 공동체의 시선으로 바라보는 통합적 접근을 시도합니다.

우리 책은 두 권으로 구성되어 있습니다. 1권에서는 '과학의 기초', '물질과 규칙성', '시스템과 상호 작용'을 중심으로 자연 현상의 원리를 다루고, 2권에서는 '변화와 다양성', '환경과 에너지', '과학과 미래 사회'라는 주제를 통해 인간과 자연, 그리고 미래의 관계를 조망합니다. 이러한 구성은 통합과학이 지향하는 '통합적 이해'를 바탕으로, 여러 학문을 넘나들며 다양한 현상을 연결 짓는 능력을 기르기 위한 것입니다.

다가올 미래에는 과학기술에 대한 이해뿐 아니라, 인문학적 상상력과 예술적 감수성, 윤리적 성찰을 겸비한 '창의융합형 인재'가 세상을 이끌어갈 것입니다. 미래 인재로 나아가는 여러분의 여정에 이 책이 의미 있는 동반자가 되어주기를 바랍니다.

끝으로, 이 책이 세상에 나오기까지 함께 고민하고 집필해 주신 공동 저자분들과, 정성과 열정을 다해주신 해냄출판사 관계자 여러분께 깊이 감사드립니다. 아울러, 이 책을 읽는 여러분의 다양한 의견과 비판을 기꺼이 기다립니다. 책이 독자와 함께 성장하길 바랍니다.

2025년 6월
저자 일동

자연을 통합적으로 보는 안목,
통찰의 시대를 준비하며

　오늘날, 우리는 이전과는 전혀 다른 시대를 살아가고 있습니다. 과학기술의 눈부신 발전은 일상의 모습을 완전히 바꿔놓았고, 인간과 사회, 자연과 기술은 점점 더 깊이 얽히고 있습니다.

　이러한 변화 속에서 세상을 바라보는 우리의 시선 역시 달라져야 합니다. 세상을 물리학, 화학, 생명과학, 지구과학으로 잘게 나눠 이해하는 방식은 이제 더 이상 적합하지 않습니다. 모든 것을 통합적으로 이해하고 융합적으로 해석할 수 있는 힘, 다시 말해 통찰력이 필요한 시대입니다.

　우리가 인정하든 그렇지 않든, 세상은 원래부터 융합적인 존재였습니다. 자연 현상은 물론, 인간이 만들어낸 기술과 문명, 종교와 문화까지도 서로의 경계를 넘나들며 끊임없이 상호 작용해 왔습니다.

　그럼에도 우리는 오랫동안 학문이라는 이름 아래 이들을 따로 떼어 바라보았고, 우리의 교육 또한 지식을 구분된 조각처럼 전달하는 데 급급했

습니다. 마치 곤충의 겹눈처럼, 우리는 세상을 조각조각 나눠 이해해 왔
던 것입니다.

하지만 이제는 달라져야 합니다. 인공지능이 지식을 더 빠르고 정확하
게 다루는 시대에 인간에게 요구되는 것은, 지식을 창의적으로 연결하고
새로운 질문을 던지는 능력입니다. 바로 그런 능력을 기르는 데 도움을 주
기 위해 이 책은 기획되었습니다.

이 책은 자연 현상을 바라보는 새로운 관점을 제시합니다. 단순한 지식
의 나열이 아니라, 여러 분야의 경계를 넘나드는 융합적 사고를 바탕으로
자연과 과학, 인간과 사회를 더욱 입체적으로 이해할 수 있도록 구성했습
니다.

오늘날 우리가 마주한 기후 변화, 에너지 위기, 고령화, 인공지능과 생
명 윤리 등 복합적인 문제들은 어느 한 분야의 지식만으로는 결코 해결
할 수 없습니다. 이러한 문제를 이해하고 해결하기 위해서는 과학, 인문학,
예술이 함께 만나야 하며, 바로 이 지점에서 통합적 사고와 융합적 이해
가 요구됩니다.

세계 교육의 흐름 또한 기존의 지식 중심 교육에서 핵심 역량 중심의
교육으로 전환되고 있습니다. 핵심 역량이란 단순한 암기력이 아닌 관찰
력, 상상력, 협업 능력, 윤리적 판단력 등 미래 사회를 살아가기 위한 실질
적인 능력을 말합니다. 그 역량을 기르는 독자들의 여정에 이 책이 하나
의 나침반이 되어주기를 바랍니다.

과학을 공부하는 이유는 단지 과학자가 되기 위해서가 아닙니다. 자연

을 깊이 이해하고, 기술을 인간과 공동체의 삶에 연결 지을 수 있는 사람, 바로 그런 통찰력 있는 시민으로 성장하도록 돕는 것이 과학 교육의 궁극적인 목적입니다.

통합과학은 무엇을 다룰까요?

단순한 지식 암기형 공부로 미래 사회를 준비하기는 어렵다는 사실을 이제 알겠지요? 자연을 통합적으로 보는 눈을 길러야 할 시대입니다. 통합과학은 그런 맥락에 맞추어 새롭게 생겨난 과목입니다.

통합과학은 초등학교, 중학교의 기초 과학 교육과 고등학교 선택 과목을 잇는 가교로서, 현대인이 갖추어야 할 과학적 소양을 다루고 있습니다. 즉, 중학교까지 학습한 과학의 핵심 개념을 바탕으로 자연 현상을 통합적으로 이해하고, 이를 기반으로 미래 사회에 필요한 과학적 기초 소양을 함양할 수 있도록 구성하였습니다.

그럼 통합과학은 구체적으로 어떤 내용을 다루고 있을까요? 통합과학은 크게 '자연의 환경과 맥락'과 '인류가 만든 문명 속 과학과 기술'이라는 두 축을 바탕으로 과학 현상에 접근합니다. 이를 반영한 통합과학은 6개 영역으로 구성되어 있습니다. '과학의 기초', '물질과 규칙성', '시스템과 상호작용', '변화와 다양성', '환경과 에너지', '과학과 미래 사회'입니다.

'과학의 기초' 영역에서는 시공간을 포함하여 과학 탐구에서 중요한 기본량과 단위, 측정과 표준 등 과학의 도구적 언어를 다룹니다. 이는 미래 사회를 살아가는 데 필수적인 과학의 기초이자, 고등학교 과학 과목의 출발점으로서, 탐구 대상과 방법론이라는 두 측면에서 과학의 본질을 설명합니다.

'물질의 규칙성' 영역에서는 '자연은 무엇으로 이루어져 있고, 어떤 규칙성을 갖는가?'라는 질문을 다룹니다. 물질의 규칙성과 결합, 자연의 구성 물질이라는 두 가지 핵심 개념을 통해 세상의 모든 것이 빅뱅으로부터 시작되었고, 물리 화학적 결합에 의해 다양한 물질의 세계를 이루었음을 밝힙니다.

'시스템과 상호 작용' 영역에서는 '자연은 어떤 시스템으로 구성되어 있고, 어떻게 상호 작용하는가?'라는 질문을 다룹니다. 역학적 시스템, 지구 시스템, 생명 시스템이라는 핵심 개념을 바탕으로 작게는 세포 수준에서 크게는 우주 수준까지, 우리가 살고 있는 세상이 어떤 시스템으로 작동하는지를 파악합니다.

'변화와 다양성' 영역에서는 '인류는 자연의 변화를 어떻게 이용하고 있는가?'라는 질문을 다룹니다. 화학 변화, 생물 다양성과 유지라는 두 가지 핵심 개념을 통해 자연의 변화는 무질서하고 무작위로 일어나는 것이 아니라, 일정한 규칙을 따라 이루어짐을 알 수 있습니다.

'환경과 에너지' 영역에서는 '인류는 환경과 에너지 문제에 어떻게 대처하고 있는가?'라는 질문을 다룹니다. 이 영역에서는 생태계와 환경, 발전과 신재생 에너지라는 두 핵심 개념을 통해 생태계와 환경이 어떻게 작용하고,

인류가 환경과 에너지 문제에 어떻게 대처하는지를 파악합니다. 지속 가능한 발전과 지구 환경 문제를 연계하여 미래를 위한 대안을 모색합니다.

'과학과 미래 사회 영역'에서는 인공지능과 과학 탐구, 로봇, 감염병과 병원체, 과학기술과 윤리 등 과학기술의 발전이 인류의 삶에 미치는 영향을 다룹니다. 과학기술은 미래 사회에서 인간의 삶과 문명에 지대한 영향을 미치는 동시에, 생활 속 다양한 문제를 해결하는 데 유용하게 쓰일 것으로 기대됩니다. 하지만 발전과 활용 과정에서 사회에 양면적인 영향을 미치므로, 개인과 사회 차원의 건전한 가치 판단과 책임 있는 실천이 중요합니다.

이처럼 통합과학은 우리가 자연 현상을 학문 분야별로 바라보는 대신 통합적인 관점에서 바라보도록 도와줍니다. 따라서 통합과학을 공부할 때는 하나하나의 핵심 개념에 분절적으로 접근하기보다는 각 핵심 개념들이 어떻게 연결되고 조화되어 자연 현상을 이루는지를 종합적이고 통합적인 관점에서 바라보는 자세가 중요합니다.

자연 현상을 통합적인 관점으로 바라보는 데에는 어떤 의미가 담겨 있을까요? 첫째, 어떤 자연 현상이든 단일한 요인만으로 발생하는 것이 아니라, 다양한 과학적 요인이 작용한 결과임을 알 수 있습니다. 다시 말해, 특정한 자연 현상의 원인을 파악할 때 다양한 과학 원리가 서로 연결되어 각각의 현상을 관통한다는 사실을 알 수 있습니다.

둘째, 통합의 관점이 소위 물리학, 화학, 생명과학, 지구과학이라는 과학의 분과적인 프레임에만 국한되지 않음을 파악할 수 있습니다. 통합적인 관점은 자연 현상을 과학적으로 심도 있게 이해하는 데 머무르지 않고, 이로 인해 빚어지는 사회 현상이나 갈등 등 인문학적 관점에서도 생각해 볼 수 있는 기회를 제공합니다. 특히 환경이나 에너지, 기후 변화 문제 등으로 발생할 수 있는 다양한 갈등의 해결 과정에서 인문학적이고 과학적인 측면이 함께 고려되어야 한다는 점을 파악하고 인식의 지평을 넓힐 수 있습니다.

이제부터는 다양한 관점에서 핵심 개념들을 살펴보며, 그와 연결된 일상 속 문제들을 어떻게 해결할 수 있을지 고민해 보세요. 자, 이제부터 우리 주변의 자연에서 벌어지고 있는 다양한 현상을 통합적인 관점과 사고로 함께 해석해 봅시다.

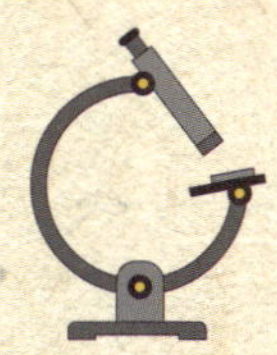

차례

1장 세상을 어떻게 측정할 수 있을까?

2장 물질은 어떻게 생겨나고 모였을까?

3장 자연은 어떤 물질로 이루어져 있을까?

4장 지구 시스템 속에서 살아가는 우리

5장 역학적 시스템, 힘과 운동은 어떻게 작용할까?

6장 유기적이고 정교한 체제, 생명 시스템

통합과학 교과서 한 번에 통과하기 **2**권 차례

세상을 어떻게
측정할 수 있을까?

표준 시간과 공간으로 자연을 나타내다

자연을 재고 비교하는 기준, 기본량과 측정 표준

센서와 정보 기술로 인식하는 세계

1 표준 시간과 공간으로 자연을 나타내다

시간, 공간, 규모, 물리량, 미시 세계, 거시 세계

빅뱅 후 약 3분 동안에는 수소·헬륨 원자핵이 형성되었고, 전자가 결합해 중성 원자가 된 것은 우주가 식어 온도 약 3000K까지 떨어진 약 38만 년 뒤입니다. 이는 빅뱅 이후 현재까지의 우주가 형성된 시간인 138억 년과 비교했을 때 매우 짧은 시간입니다.

138억 년을 초로 환산하면 1.38×10^{10}년$\times 365$일/년$\times 24$시간/일$\times 60$분/시간$\times 60$초/분$= 4.351968 \times 10^{17}$초가 됩니다. 빅뱅 직후 원자가 형성되기까지 걸린 시간과 빅뱅 이후 현재까지 우주가 형성된 시간을 비교할 수 있는 까닭은 '초'라는 시간 단위가 존재하기 때문입니다.

원자 1개의 크기는 1×10^{-10}m입니다. 우주 전체 크기인 8.7978×10^{26}m와 비교했을 때 1×10^{-10}m는 매우 짧은 길이입니다.

우주 배경 복사(우주 전역에서 발견되는 전자기파 복사)로 관측 가능한 우주는 930억 광년입니다. 참고로 1광년은 진공 상태에서 빛이 1년 동안 이동하는 거리로, 약 9조 4,600억km에 해당합니다. 930억 광년을 m로 환산하면 930억 광년×9조 4,600억km/광년×1,000m/km=8.7978×10^{26}m가 됩니다. 우주 전체 크기와 원자 1개의 크기를 비교할 수 있는 까닭은 'm(미터)'라는 길이 단위가 존재하기 때문입니다.

이번 장에서는 시간과 공간을 기준으로 자연을 기술하는 방법과, 이를 통해 자연 현상을 더 잘 이해하고, 앞으로 일어날 변화를 예측하는 방법을 알아보겠습니다.

시간과 공간의 규모

과학자들은 시간과 공간의 규모를 비교하기 위해 시간과 길이를 정확히 측정하려고 노력합니다. 여기서 '규모'란 어떤 자연 현상의 크기 범위를 말하며, '측정'이란 측정할 양을 기준이 되는 다른 양과 비교하여 대상을 수치로 표현하는 행위를 말합니다. 이때 기준이 되는 양을 '단위'라고 부릅니다.

시간, 온도, 거리, 질량 등 숫자로 나타낼 수 있는 양을 '물리량'이라고 하며, 길이의 단위는 m(미터), 시간의 단위는 s(초)를 주로 사용합니다. 만약 나에게 1m 자가 주어진다면 무엇을 측정할 수 있을까요? 만약 나에게 100s의 시간이 주어진다면 무엇을 측정할 수 있을까요?

오른쪽 표는 자연 현상의 다양한 시간 규모와 공간 규모의 예시입니다.

시간 규모 예시	시간
전자가 원자핵 주위를 도는 데 걸리는 시간	1.5×10^{-16}초
세슘 원자에서 방출된 빛이 한 번 진동하는 데 걸리는 시간	1.1×10^{-10}초
빛이 진공에서 300km를 가는 시간	10^{-3}초
벌레가 날갯짓을 한 번 하는 시간	10^{-2}초
눈을 한 번 깜빡이는 시간	10^{-1}초
꿀벌이 다 자라는 데 걸리는 시간	20일
지구의 공전 주기	1년
사람의 평균 수명	80년
공룡이 지구에 번성한 시간	1.5억 년
우주의 나이	138억 년

다양한 시간 규모 예시와 시간

공간 규모 예시	길이
수소 원자의 반지름	5.3×10^{-11}m
적혈구의 반지름	4×10^{-6}m
동전 두께	1.5×10^{-3}m
농구대 높이	3.05m
초등학생 시절 평균 키	1.38m
에베레스트산의 높이	8.849×10^{3}m
지구의 반지름	6.378×10^{6}m
태양에서 해왕성까지의 거리	4.5×10^{12}m
우리은하의 반지름	5만 광년
관측 가능한 우주의 반지름	465억 광년

다양한 공간 규모 예시와 길이

미시 세계와 거시 세계의 측정

과학자들은 미시 세계부터 거시 세계까지 다양한 규모의 공간을 정밀하게 측정하기 위해 노력하고 있습니다. 미시 세계란 눈으로 식별 불가능하고 현미경으로만 볼 수 있는 미세한 세계를 말하고, 거시 세계란 눈으로 볼 수 있거나 도구를 이용하여 감각으로 직접 알 수 있는 물질의 세계를 말합니다.

세포나 DNA와 같은 미시 세계의 공간을 측정하기 위해서는 어떤 측정 도구가 필요할까요? 눈으로 볼 수 없는 미시 세계의 자연 현상이나 사물은 현미경과 같은 도구를 이용해 측정할 수 있습니다. 그렇다면 천체나 우주와 같은 엄청난 규모의 거시 세계 공간을 측정하기 위해서는 어떤 도구가 필요할까요? 눈으로 볼 수 없는 거시 세계의 자연 현상이나 사물은 망원경과 같은 도구를 이용해 측정할 수 있습니다.

원자나 세포와 같은 미시 세계 물체의 크기를 관찰하고 측정하는 데에는 전자 현미경이나 원자 현미경 등을, 천체나 우주와 같은 거시 세계 물체의 크기를 관찰하고 측정하는 데에는 허블 망원경이나 제임스웹 망원경 등을 사용합니다. 또한 공간 측정뿐만 아니라 정밀한 시간을 측정하는 데에는 원자시계와 같은 첨단장비를 사용합니다.

이렇듯 과학자들은 인간이 직접 눈으로 경험할 수 있는 범위 밖의 영역인 미시 세계와 거시 세계를 관찰하고 측정하기 위해 정밀하고 복잡한 첨단장비를 개발하며 끊임없이 노력하고 있습니다. 정밀한 원자 현미경이나 전자 현미경을 개발하여 DNA를 관찰하고 이를 분석하여 질병의 원인을 알아냅니다. 정확한 시간과 거리 측정 기술을 바탕으로 인공위성과 우주 탐사선을 제작하고, 우주에서 보낸 신호를 지구의 수신기로 받아 이를 지

전자 현미경과 우주 망원경이 보여주는 미시 세계와 거시 세계

1. 전자 현미경으로 찍은 미시 세계를 관찰해 보자.

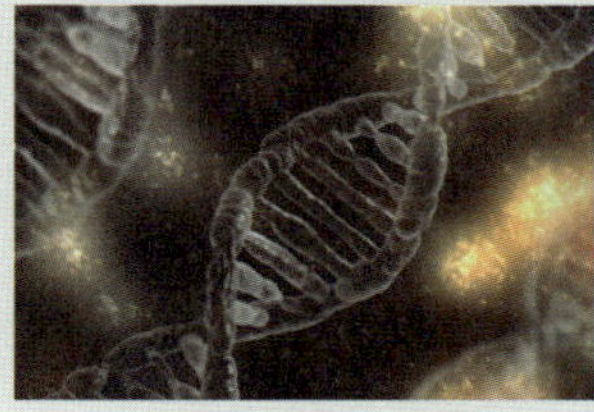

① DNA 이중나선

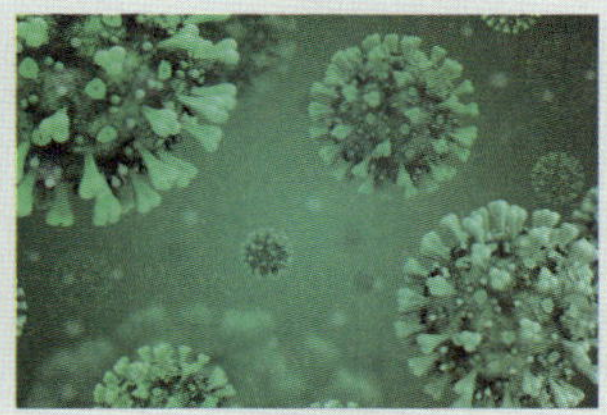

② 코로나19

③ 눈 결정체

2. 우주 망원경으로 찍은 거시 세계를 관찰해 보자.

① 제임스웹 우주 망원경이 찍은, 지구에서 7600광년 떨어진 용골자리 대성운

② 제임스웹 우주 망원경이 찍은, 지구에서 489.3광년 떨어진 해왕성(지름 49,528km)

③ 허블 우주 망원경이 찍은, 지구에서 7600광년 떨어진 용골자리 대성운

출처: NASA, Pixabay

구와 우주의 실시간 연구에 활용합니다. 또한 허블이나 제임스웹 같은 우주 망원경을 개발하여 멀리 있는 천체의 나이와 지구로부터의 거리를 정확하게 측정하고 향후 우주 시대를 준비합니다.

이러한 성과를 바탕으로 우주의 나이와 크기를 계산하는 일은 이전 세대보다 더 정확해졌고, 그에 따라 우주에 대한 인간의 이해 역시 한층 깊어졌습니다. 시간과 공간을 측정하는 규모가 넓어지면서 인간이 경험할 수 있는 자연 세계도 크게 확장되고 있습니다.

미시 세계와 거시 세계의 물체 크기에 따른 차이점 분석하기

이 탐구 활동에서는 길이와 시간 측정의 현대적 방법과 그 방법으로 측정한 사례를 통해 미시 세계와 거시 세계의 물체 크기에 따른 차이점을 분석한다. 이때 탐구 활동의 사례는 교과서에 수록된 내용은 물론, 선생님이 준비한 참고 자료를 통해 다양하게 만나볼 수 있다.

길이 측정의 대표적인 현대적 방법 사례로, 원자 현미경이나 전자 현미경으로 원자 수준의 미시 세계를 측정하거나, 천체 주변을 운동하는 우주탐사선에서 작동한 GPS 송수신기를 통해 지구와 다양한 천체 사이의 거리를 측정하는 방법 등이 있다.

시간 측정의 현대적 방법 사례로는 방사성 동위 원소를 이용하여 화석 생성 시기 연대를 측정하거나, 원자시계 속 원자가 흡수하는 전자기파의 진동수를 측정하는 방법 등이 대표적이다. 이때 현대적 방법으로 길이와 시간의 어느 규모까지 측정했는지 조사하고, 조사한 내용을 서로 비교하면서 하나의 정답을 찾기보다는, 미시 세계와 거시 세계의 측정 대상의 크기나 규모에 따라 시간과 공간을 어떻게 다르게 측정해야 하는지 토의하는 것이 핵심이다.

인공위성에 탑재된 원자시계 덕분에 우리는 GPS 시스템을 이용해 모르는 길도 쉽게 찾아갈 수 있다. 이처럼 정밀한 측정 기술은 일상생활은 물론 반도체 공정이나 영상 의학 진단 및 우주탐사 등 다양한 분야에서 활용된다. 시간과 공간을 측정하려는 과학자들의 노력이 인간의 경험 범위를 얼마나 확장했는지에 대해 토의해 볼 수 있다.

2 자연을 재고 비교하는 기준, 기본량과 측정 표준

기본량, 유도량, 측정 표준, 어림

과학에서는 시간과 길이 외에도 자연을 정확히 측정하고 나타낼 수 있는 다양한 물리적인 양이 필요합니다. 시간, 길이, 온도, 질량과 같이 물체를 측정하여 숫자로 나타낼 수 있는 양을 '물리량'이라고 합니다. 이러한 물리량은 과학에서 어떻게 유용하게 쓰일 수 있을까요?

예를 들어 '무거운 자동차가 빠르게 달리고 있다'는 표현을 과학적으로 전달할 때 단순히 '무거운' 또는 '빠르게'라고만 이야기하면 상황에 대한 정확한 의사소통이 이루어졌다고 볼 수 있을까요? '달걀이 뜨거운 물속에서 오랜 시간 동안 익고 있다'는 표현을 과학적으로 전달할 때 단순히 '뜨거운' 또는 '오랜 시간'이라고만 이야기하면 상황에 대한 정확한 의사소통이 이루어졌다고 말할 수 있을까요?

과학에서는 여러 도구나 장치를 사용하여 물체에 대한 물리량을 정확하게 측정합니다. 측정이란 일정한 양을 기준으로 하여 같은 종류의 다른 양의 크기를 재는 행위를 말합니다. 예를 들어 칠판의 길이를 측정할 때 1m 자를 기준으로 10번 반복하여 10m 크기를 재거나, 전자제품의 질량을 측정할 때 1kg 용수철 저울 추를 기준으로 하여 30개 추를 이어 매달아 30kg 크기를 잴 수 있습니다.

이번 장에서는 자연을 정확히 측정하여 대상을 숫자로 나타내는 물리량의 종류를 알아보겠습니다. 더불어 이러한 물리량을 활용해 자연 현상이나 사물을 정확히 측정할 때 측정 표준과 어림이 얼마나 중요한지를 살펴보겠습니다.

전 세계적으로 표준화된 단위

과학에서 다른 물리량으로 나타낼 수 없는, 가장 기본이 되는 물리량을 기본량이라고 합니다. 기본량에는 길이, 시간, 질량, 온도, 전류 등이 있으며, 각각의 기본량을 측정할 때는 전 세계적으로 통용되는 표준화된 단위를 사용합니다. 길이의 기본 단위는 m(미터), 시간의 기본 단위는 s(초), 질량의 기본 단위는 kg(킬로그램), 온도의 기본 단위는 K(켈빈), 전류의 기본 단위는 A(암페어)입니다.

온도의 경우, K를 사용하는 온도를 절대 온도라고 하며, 이때 K는 0보다 큰 값을 갖습니다. 절대 온도(K)와 섭씨온도(℃) 사이에는 다음과 같은 관계식이 성립합니다. 이때 섭씨온도(℃)의 이론적인 최솟값은 −273.15℃에 수렴합니다.

$$K = \text{℃} + 273.15$$

전 세계 공통으로 사용하는 기본량은 총 7가지입니다. 위에서 언급한 길이, 시간, 질량, 온도, 전류 이외에 광도와 물질량이 추가로 더 있습니다. 이때 광도의 기본 단위는 cd(칸델라)를, 물질량의 기본 단위는 mol(몰)을 사용합니다. 이 7가지 기본량을 정리한 것을 국제단위계 즉, SI(International System Units) 단위계라고 합니다. SI 단위계는 MKS(Meter-Kilogram-Second) 단위계라고도 부르는데, 국가별로 다르게 적용하는 기본량 단위를 전 세계적으로 표준화한 기준량을 말합니다.

1960년 제11차 국제 도량형 총회에서 지금의 SI 단위계가 결정되었으며, 이들 7가지 기본 측정 단위로부터 다른 단위를 만들어 사용하고 있습니다. SI 단위계는 현재 전 세계 실생활은 물론, 상업 또는 과학기술 분야에서 널리 쓰이는 기준량인 동시에 국제적인 교류나 산업 등의 경제, 무역, 기술 이전 등에서 통용되고 있습니다. 아래 표는 SI 단위계의 7가지 기본량에 대한 단위 이름과 단위 기호를 나타낸 것입니다.

기본량	단위 이름	단위 기호
길이	meter	m
시간	second	s
질량	kilogram	kg
온도	kelvin	K
전류	ampere	A
광도	candela	cd
물질량	mole	mol

SI 단위계

이집트, 고대 그리스 사람들은 공간과 도형의 성질을 연구하는 기하학이라는 학문을 통해 길이와 길이 사이의 비율 관계를 이해했지만, 길이와 시간, 길이와 질량, 길이와 전류처럼 서로 다른 기본량 사이의 비율 관계는 알지 못했습니다. 사람들은 속력이나 힘, 압력 같은 개념을 어떻게 수학적으로 다룰 것인지 고민했습니다. 결국 두 가지 이상의 기본량으로 표현되는 새로운 물리량, 즉 유도량의 필요성을 실감했습니다.

단위 시간당 이동 거리를 나타내는 속력처럼 두 가지 이상의 기본량을 바탕으로 유도된 물리량을 유도량이라고 합니다. 속력의 단위를 시간 단위 s(초)와 거리 단위 m(미터)를 사용해 m/s로 나타내는 것처럼, 유도량의 단위는 각 유도량을 정의하는 데 사용한 기본량 단위 조합으로 나타낼 수 있습니다. 유도량의 예로 부피, 속력, 농도, 힘, 압력 등이 있습니다.

유도량	단위	기본량과의 관계
부피	m^3	$m \cdot m \cdot m$
속력	m/s	$m \cdot s^{-1}$
농도	%	$kg \cdot m^{-3}$
힘	N	$kg \cdot ms^{-2}$
압력	Pa	$kg \cdot m^{-1} \cdot s^{-2}$

유도량의 예시

SI 단위계에서 사용하는 유도량은 총 30여 가지가 있습니다. 이 중 국제사회에서 가장 널리 사용하는 8가지 유도량의 단위 이름과 단위 기호는 다음 표와 같습니다.

유도량	단위 이름	단위 기호
힘	newton	N
에너지	joule	J
일률	watt	W
압력	pascal	Pa
진동수	hertz	Hz
전기 저항	ohm	Ω
전압	volt	V
전하량	coulomb	C

국제사회에서 널리 사용하는 유도량의 예시

측정 표준과 어림의 중요성

문명이 발달하고 국가 사이 상호 교류가 활발할수록 상업과 과학기술 분야는 물론, 일상생활에서도 기본량의 단위는 중요해졌습니다. 기본량과 유도량의 단위를 세계적으로 통일하는 일은 국가 통치 및 국제 교역의 근간이 되었습니다.

우리는 일상생활에서 키, 몸무게, 기온, 부피 등을 수시로 측정하며 살고 있습니다. 이때 자, 저울, 온도계, 계량컵 등을 사용하지요. 측정 대상이 되는 물체마다 기본량의 참값을 지니지만, 도구나 장치를 사용하여 측정하는 값이 반드시 참값과 일치하지는 않습니다. 측정하는 사람마다 사용하는 도구나 장치가 다를 수 있고, 같은 도구나 장치를 사용하더라도 눈금을 읽는 방법과 사용하는 단위가 다를 수 있기 때문입니다.

같은 도구나 장치를 사용하더라도 측정값이 다르게 나오는 까닭은 무엇일까요? 그 이유 중 하나는 대상을 측정할 때 적용하는 어림의 방법이 사람마다 다르기 때문입니다. 논리적인 추론이나 가설 도출을 통해 근삿값을 얻는 행위를 어림이라고 합니다. 일반적으로는 최소 눈금의 1/10 단위까지 측정하려 노력하며, 눈금 사이의 값은 1/10로 어림하여 읽습니다.

자연을 이해하는 데는 정확한 측정만큼이나 어림도 중요합니다. 어림으로 실제 참값의 양이 어느 정도인지 가늠할 수 있어야 측정값이 가지는 의미를 올바르게 판단할 수 있습니다. 과학자들은 어림을 통해 연구 결과를 어느 정도 예측하기도 하고, 측정값이 합리적이고 참값에 가까운지를 판단하기도 합니다. 만약 측정한 사람마다 같은 도구나 장치를 사용했음에도 불구하고 눈금을 읽을 때 측정한 값과 단위가 다르다면 어떤 불편한 점이 생길까요?

1999년 9월 23일, 과학자들은 화성 기후 관측 위성(Mars Climate Orbiter)이 화성 궤도 진입에 실패했음을 알게 되었습니다. 원인을 분석한 결과 미국 항공우주국(NASA)은 국제 측정 단위인 m(미터)를 단위로 사용했지만, 위성 제작사인 록히드마틴(Lockheed Martin)은 당시 영미에서 주로 쓰는 야드파운드 단위 체계를 사용했기 때문이었습니다. 즉, 록히드마틴은 야드파운드 단위를 사용해서 NASA에 데이터를 전달했고, NASA는 이를 SI 단위계 데이터로 이해하고 궤도선을 운용했던 것입니다. 영국 위성 제작사는 영국 측정 단위인 yd(야드)를 사용했기 때문이었습니다. 결국 서로 다른 단위를 사용한 프로그램 입력값이 화성 궤도 진입 실패라는 결과를 만들어 커다란 경제적 손실을 불러일으켰습니다.

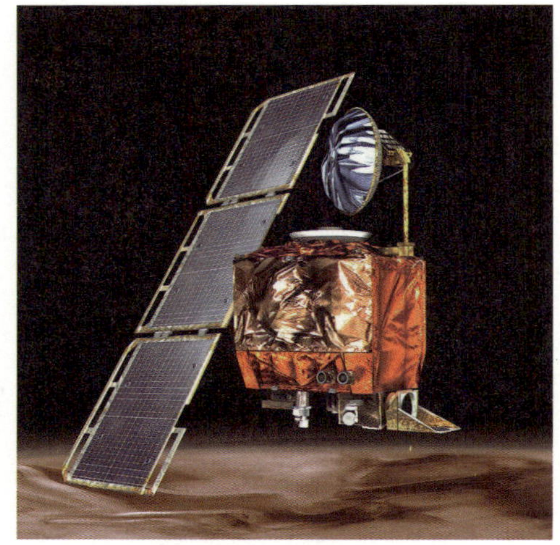

1998년 12월 11일 발사된 화성 기후 관측 위성(Mars Climate Orbiter)이 1999년 9월 23일 화성 궤도 진입에 실패했습니다. 기계적으로 아무리 잘 만들어진 시스템이라 하더라도 제어 프로그램에 오류가 있으면 실패할 수 있습니다.

출처: NASA

화성 기후 관측 위성(Mars Climate Orbiter)

만약 미국항공우주국(NASA)과 영국 위성 제작사가 동일한 국제 표준 측정 단위를 사용하여 프로그램 입력값을 통일했다면 화성 탐사 분야에서 더 많은 성과를 앞당길 수 있었을 것입니다. 이 사례는 기본량 측정 표준화의 유용성과 필요성을 절실히 알려줍니다. 기본량 측정의 표준과 단위는 우주산업은 물론, 많은 과학기술이 필요한 산업 분야와 일상생활에서 중요하게 활용되고 있습니다.

SI 단위계 접두어

10^n	접두어	기호	배수	십진수
10^{24}	요타(yotta)	Y	일자	1 000 000 000 000 000 000 000 000
10^{21}	제타(zetta)	Z	십해	1 000 000 000 000 000 000 000
10^{18}	엑사(exa)	E	백경	1 000 000 000 000 000 000
10^{15}	페타(peta)	P	천조	1 000 000 000 000 000
10^{12}	테라(tera)	T	일조	1 000 000 000 000
10^{9}	기가(giga)	G	십억	1 000 000 000
10^{6}	메가(mega)	M	백만	1 000 000
10^{3}	킬로(kilo)	k	천	1 000
10^{2}	헥토(hecto)	h	백	100
10^{1}	데카(deca)	da	십	10
10^{0}			일	1
10^{-1}	데시(deci)	d	십분의 일	0.1
10^{-2}	센티(centi)	c	백분의 일	0.01
10^{-3}	밀리(milli)	m	천분의 일	0.001
10^{-6}	마이크로(micro)	μ	백만분의 일	0.000 001
10^{-9}	나노(nano)	n	십억분의 일	0.000 000 001
10^{-12}	피코(pico)	p	조분의 일	0.000 000 000 001
10^{-15}	펨토(femto)	f	천조분의 일	0.000 000 000 000 001
10^{-18}	아토(atto)	a	백경분의 일	0.000 000 000 000 000 001
10^{-21}	젭토(zepto)	z	십해분의 일	0.000 000 000 000 000 000 001
10^{-24}	욕토(yocto)	y	일자분의 일	0.000 000 000 000 000 000 000 001

일상생활에서 측정 표준이 활용되는 사례 탐색하기

이 탐구 활동에서는 측정 표준이 일상생활에 활용되는 사례를 찾고, 측정 표준의 유용성과 필요성을 논증한다. 교과서마다 몇 가지 예시가 제공된다. 예를 들어 식품 분야에서 식품 속 영양 성분의 양, 전체 질량이나 부피, 식품 첨가물의 양 등을 정확히 표시하거나, 잔류 농약 같은 위험 물질이 얼마나 포함되어 있는지를 확인하는 일에 측정 표준이 활용된다.

스포츠 분야에서는 정확한 기록을 재거나 부정행위를 막기 위한 약물 검사 등에 측정 표준을 활용하고, 산업 분야에서는 하나의 제품을 만들기 위해 만여 개가 넘는 부품들을 정확한 크기로 통일하고 검수하는 데 측정 표준을 활용한다. 의료 분야에서는 환자의 상태를 정확히 진단하고 치료 효과를 확인하기 위해 체온, 혈압, 혈당, 혈중 산소 농도 등을 측정하는 데 측정 표준을 활용한다.

이외에도 전국에서 동시에 치르는 국가 관리형 시험에서 모든 수험생이 같은 시간 동안 공정하게 시험을 치를 수 있도록 타종 매뉴얼에 측정 표준을 활용하는 사례, 층간 소음 갈등을 사회·법적으로 해결하기 위해 건축물 관리법의 층간 소음 기준에 대한 측정 표준을 활용하는 사례, 기상청의 일기예보에 측정 표준을 활용하는 사례, 자동차의 과속 여부를 측정하기 위해 설치한 CCTV의 작동 및 단속 매뉴얼에 측정 표준을 활용하는 사례 등이 있다.

3 센서와 정보 기술로 인식하는 세계

신호, 아날로그 신호, 디지털 신호, 센서, 디지털 정보 기술

에너지를 가지고 있는 자연계의 모든 물체는 여러 가지 신호를 발생시킵니다. 자연계에서 발생하는 신호는 빛, 소리, 열, 힘, 압력, 지진파, 전자기파, 탄성파 등 여러 가지 형태를 띠고 있습니다. 우리는 이러한 신호를 사람의 감각 기관이나 다양한 측정 도구를 이용하여 관측하거나 측정합니다. 이렇게 수집된 신호는 변환 장치를 통해 추출 및 분석 과정을 거쳐 여러 분야에서 활용 가능한 정보로 전환됩니다.

인간의 감각 기관은 외부 신호를 인식하는 역할을 담당합니다. 예를 들어 눈은 시각 신호를 인식하고, 귀는 청각 신호를 인식하고, 코는 후각 신호를 인식합니다. 그러나 인간의 신체 감각 기관은 자연에서 발생하는 모든 신호를 인식할 수 없습니다. 결국 인간은 감각 기관의 기능을 더 세심하게 보완하거나, 감각 기관으로 감지할 수 없는 신호를 인식하기 위해 다양한 센서를 개발하여 사용합니다. 센서는 자연계의 아날로그 신호를 인

식하고 이를 디지털 신호로 변환하는 장치입니다.

센서를 이용하여 자연계의 변화를 측정하고 분석하여 정보를 산출하는 과정을 이해하고, 이러한 디지털 정보 기술이 현대 문명에 어떤 영향을 미쳤는지 알아보겠습니다.

아날로그 신호와 디지털 신호

자연계에서 발생하는 신호는 아날로그 신호와 디지털 신호로 나눌 수 있습니다. 신호란 일정한 부호, 표지, 소리, 몸짓 따위로 특정한 내용 또는 정보를 전달하거나 지시하는 것, 또는 그렇게 하는 데 쓰는 부호를 말합니다. 아날로그 신호는 물리량이 연속적으로 변하는 형태의 신호입니다. 소리, 빛, 지진파, 전자기파, 온도 변화, 조도 변화, 속도 변화 등 자연계에서 일어나는 대부분의 신호가 이에 해당합니다. 아날로그 신호는 실제 현상을 더 정밀하게 표현할 수 있다는 장점이 있지만, 저장하거나 전송하는 과정에서 손상되기 쉽다는 단점을 지닙니다.

디지털 신호는 불연속적인 값으로 표현되는 신호입니다. 점과 선으로 신호를 보내는 모스 부호나 전자 기기 화면에서 숫자로 데이터를 나타내는 신호가 이에 해당합니다. 디지털 신호는 정보를 압축할 수 있고, 잡음이 거의 없는 선명한 신호를 만들 수 있기에 멀리까지 전송할 수 있습니다. 저장, 재생, 통신 등에 편리하다는 장점이 있지요. 그러나 아날로그 신호를 디지털 신호로 변환하는 과정에서 원래 정보가 일부 왜곡되거나 손실될 수 있다는 단점도 존재합니다.

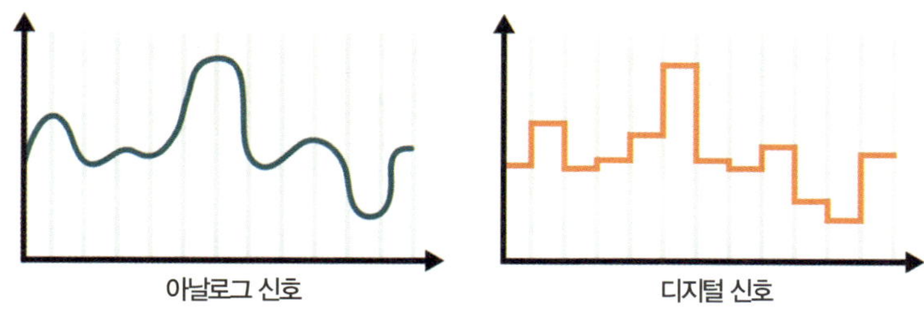

아날로그 신호를 디지털 신호로 변환하는 센서로는 가속도 센서, 중력 센서, 선형 가속도 센서, 자이로스코프 센서, 회전 벡터 센서, GPS 모듈, 지자기 센서, 방향 센서, 근접 센서, 주변 온도 센서, 온도 센서, 조도 센서, 기압 센서, 상대 습도 센서, 화학 센서 등이 있습니다.

디지털 정보 기술이 현대 사회에 미치는 영향

다음의 두 사례는 인공지능이 적용된 디지털 시대에 발생할 수 있는 상황입니다.

사례 1 **자율주행차의 책임 문제**

자율주행차는 라이다, 카메라, GPS, 레이더 등의 센서를 이용해 주변 환경을 360°로 감지하고, 주변에서 어떤 일들이 일어나는지 파악하고 대처합니다. 그런데 만약 운전자가 직접 개입하지 않고 자율주행차 운행 모드를 실행하던 중 사고가 발생한다면 사고에 대한 책임과 피해 보상은 누구에게 있을까요?

 인공지능 면접의 신뢰성과 개인정보 보호

인공지능 면접은 뇌신경과학 기반의 인공지능이 면접관이 되어 지원자를 평가합니다. 수많은 빅데이터와 자료 및 패턴을 학습한 인공지능이 면접 지원자의 얼굴과 표정 및 얼굴색 변화 등을 분석하여 평가를 진행합니다. 또한 음성인식 기반 기술을 적용하여 목소리의 높낮이와 음색, 동일한 어휘의 반복 횟수 등을 파악하여 평가합니다.

다양한 개성을 가진 지원자를 하나의 기준으로 평가할 때 평가의 신뢰성은 보장받을 수 있을까요? 또한 지원자의 생체 데이터가 변환되는 과정에서 일부 데이터가 그대로 유출된다면 어떻게 될까요? 개인정보 침해에 대한 책임은 누가 지는 것일까요?

위 두 가지 사례 이외에도 대화형 인공지능이 쓴 소설에 대한 저작권을 인정하는 문제, 메타버스 같은 가상공간에서 물건을 팔아 번 돈에 세금을 매기는 문제, 인공지능 로봇이 일으킨 의료 사고의 책임 소재 등 디지털 정보 기술의 발달에 따른 문제점과 사회적 합의가 다양한 분야에서 논의될 수 있습니다. 그럼에도 디지털 정보 기술이 현대 사회에 미치는 긍정적인 영향은 무척 많습니다.

디지털 신호를 이용한 정보 통신 기술이 눈부시게 발전하면서 우리의 생활은 크게 달라졌습니다. 이제 우리는 디지털 기술로 전 세계 사람들과 즉시 연결되고, 스마트폰으로 정보를 더 빠르고 쉽게 주고받을 수 있습니다. 또한 컴퓨터로 복잡한 작업을 빠르게 처리할 수 있으며, 온라인 교육을 이용해 원하는 시간과 장소에서 자유롭게 학습할 수 있습니다.

의료 분야에서는 환자의 신체 조직이나 세포를 디지털 기술로 정밀하게 검사하여 진단의 속도와 정확도를 높이고 있습니다. 과학 분야에서는 빅데이터를 활용해 기후 변화 등 다양한 주제를 연구하고 있습니다.

온라인으로 상품을 구매하는 전자 상거래에서는 디지털 기술 덕분에 안전한 결제가 가능해졌습니다. 문화 콘텐츠 분야에서도 누구나 손쉽게 디지털 기술을 이용하여 음악, 영화, 게임 같은 콘텐츠를 만들고, 저장하고, 빠르게 공유하고 있습니다. 3D 프린팅 분야에서는 사물의 정보를 디지털로 저장한 후, 이를 바탕으로 필요한 물품을 직접 출력할 수도 있습니다.

디지털 권리(Digital rights)란 무엇일까요?

우리는 스마트폰이나 컴퓨터로 인터넷을 검색하고, 글을 쓰거나 사진을 올리고, 영상도 자유롭게 볼 수 있다. 이렇게 디지털 기기로 정보를 보고, 만들고, 공유할 수 있는 권리를 '디지털 권리'라고 한다. 이 권리는 사람의 기본적인 인권과도 연결되어 있다. 인터넷에서 내 개인정보가 안전하게 보호받을 권리, 하고 싶은 말을 자유롭게 표현할 권리도 디지털 권리에 포함된다.

유럽연합(EU)은 2022년부터 '디지털 권리와 원칙 선언'을 준비하면서, 모든 사람이 온라인과 오프라인에서 자유롭고 안전하게 살아갈 수 있어야 한다고 강조했다. 우리나라에서도 디지털 시대를 맞아 시민, 기업, 정부가 지켜야 할 새로운 기준과 원칙을 만들어나가고 있다.

인공지능 시대, 디지털 권리 관련 쟁점의 예시

1. 사람들의 개인정보가 포함되었거나, 저작권이 있는 자료를 인공지능이 몰래 사용하는 건 아닐까?

2. 인공지능이 만든 그림이나 글도 저작권을 인정받을 수 있을까?

3. 인공지능이 사람을 평가하는 기준은 공정하고 신뢰할 만할까?

4. 인공지능 로봇이 사람을 치료해도 괜찮을까?

5. 가상공간에서 돈을 벌면 세금을 내야 할까? 범죄가 생기면 어떻게 해야 할까?

6. 운전자를 태우지 않은 자율주행차가 사고를 냈을 때 누가 책임을 질까?

스마트 기기를 활용하여 여러 가지 기본량을 측정하고 분석하기

이 탐구 활동에서는 스마트 기기와 다양한 디지털 도구를 활용하여 여러 가지 기본량을 측정하고 분석한다. 스마트 기기의 길이 측정 앱을 사용하여 교실에 있는 칠판, 책상, 거울 등 다양한 물건의 길이를 재거나, 학교 건물의 높이를 측정할 수 있다.

시간 측정 앱을 활용하여 체육 수업 시간에 이루어지는 운동 시간이나 급식실까지 이동하는 데 걸리는 시간, 공을 던지고 받는 데 걸리는 시간 등 다양한 움직임에 대한 시간도 측정할 수 있다. 또한 센서가 부착된 디지털 온도계나 적외선 온도계를 이용해 학교 내 여러 장소의 온도를 측정하고, 친구들과 결과를 비교할 수 있다. 지능형 과학실에 접속하여 다양한 디지털 탐구 도구를 활용해 보는 것도 좋은 방법이다.

길이 측정 앱은 '거리 측정'이나 '높이 측정' 등의 키워드로 검색하여 여러 종류를 찾아볼 수 있으며, 레이저 거리 측정기를 사용할 경우 레이저 빛이 직접적으로 혹은 반사되어 사람을 향하지 않도록 주의해야 한다. 이 활동을 통해 디지털 측정 도구의 사용 방법을 정확히 익혔는지, 대상의 값을 정확히 측정할 수 있는지, 디지털 측정 도구의 유용성을 느꼈는지를 점검해 볼 수 있다. 나아가 수집한 데이터를 그래프로 변환하여 분석할 수 있다.

물질은 어떻게
생겨나고 모였을까?

빅뱅! 우주와 우리의 출발점

지구가 탄생하고 생명체가 출현하다

자연은 원소의 규칙성을 어떻게 이용할까?

원자는 왜 화학 결합을 할까?

결합이 다르면 물질의 성질도 달라질까?

1 빅뱅! 우주와 우리의 출발점

빅뱅, 은하, 양성자, 중성자, 원자핵, 전자, 원자

우주는 약 138억 년 전 빅뱅으로 시작되었다고 합니다. 빅뱅으로부터 시간이 시작되었고 빅뱅 이후에 만들어진 물질이 현재의 우주를 구성하는 기본 물질이 되었습니다. 그때부터 138억 년이라는 어마어마한 시간이 흘렀으니 우리가 살아온 시간은 거의 찰나에 불과하지요.

사람의 몸은 뼈, 근육, 피부 등으로 구성됩니다. 뼈와 피부는 전혀 다른 모습과 특성을 보여주지만, 모두 단백질, 탄수화물 등으로 이루어져 있습니다. 그리고 단백질은 더 작은 구성 물질인 아미노산으로 이루어져 있습니다. 아미노산은 탄소, 수소, 산소, 질소, 황 등의 원자로 구성되어 있고요.

그렇다면 탄소, 수소, 산소 같은 원자는 언제부터 지구에 존재한 것일까요? 더 과거로 올라가서, 지구에 존재하기 전에 이 원자들은 어디에 어떤 모습으로 있었을까요? 그리고 원자는 어떤 과정을 거쳐 우주에 처음 탄생했을까요?

이런 궁극적인 의문에 답을 찾기 위해 과학자들은 다양한 분야에서 다양한 방법으로 우주를 연구해 왔고, 지금도 연구가 진행 중입니다. 과학자들의 연구 과정과 결과를 살펴보면서 우리 몸을 이루는 원자들이 언제 어떻게 생겨나게 되었는지 알아봅시다.

우주가 팽창을 한다?

우주가 팽창하고 있다는 것은 현재를 살아가는 우리 모두가 인정하는 사실입니다. 그러나 아인슈타인이 중력을 포함하는 특수 상대론[1]을 발표한 20세기 초, 1905년에는 알려지지 않은 사실입니다. 당시는 팽창하지 않는 우주모형을 믿던 시기였습니다.

그 이후 중력을 시공간의 휘어짐으로 설명하는 일반 상대론을 우주모형에 적용해 본 아인슈타인은 고민에 빠졌습니다. 전에는 우주가 팽창하거나 수축하지 않는다는 우주모형을 믿었는데, 놀랍게도 우주가 팽창한다는 결과가 나왔기 때문이죠. 과학에서 자료는 정말 중요합니다. 당시에는 아직 우주가 팽창하고 있다는 증거가 발견되기 전이었습니다. 결국 아인슈타인과 같은 위대한 과학자도 자신의 일반 상대론 수식에 우주상수항을 추가하여 우주가 팽창하지 않는다는 결론이 도출되도록 할 수밖에 없었습니다.

---

1 1905년 아인슈타인이 처음 발표한 상대론은 특수 상대론으로, 등속으로 운동하는 시스템(관성계)에서는 모든 물리 법칙이 동등하게 적용되며 빛의 속력이 불변한다는 내용이었다. 그런데 이를 확장한 일반 상대론(1915년)에서는 속도가 변하는 시스템에서도 물리 법칙이 동등하게 적용된다고 주장했다.

과학의 속성에 대해 이런 말이 있습니다. "과학은 진리가 아니라 그 시대 과학자 사회에서 합의한 가장 그럴듯한 결론이다." 1915년에는 우주상수를 인정하고 팽창하지 않는 우주모형을 지지하는 것이 사회적인 결론이었죠.

그러나 그로부터 10여 년 뒤인 1929년 에드윈 허블(Edwin Hubble)이 우리 은하에서 멀리 떨어진 외부 은하들이 점점 더 빨리 멀어진다는 사실을 밝혀냈습니다. 멀리 있는 외부 은하들이 우리로부터 모두 멀어진다는 사실에 기초하여 우주가 팽창하고 있음을 증명한 것입니다. 이러한 관측 결과가 나왔을 때 아인슈타인은 어떻게 행동했을까요?

당시 가장 위대한 과학자 중 한 사람이었던 아인슈타인인 만큼, 그는 자신의 잘못을 인정하고 "일생 최대의 실수"를 했다며 진정한 사과를 했습니다. 이렇게 우리는 팽창하는 우주에서 살고 있음을 처음으로 알게 되었지요. 그런데 만일 우주가 팽창한다면 이런 질문을 해볼 수 있지 않을까요?

"과거의 우주는 어땠을까?"

우주가 팽창하고 있다면 과거에는 지금보다 우주가 작았을 것이고, 더 먼 과거로 갈수록 우주의 크기는 점점 더 작아져 모든 물질이 아주 작은 한 점에 모이게 될 것입니다. 과학자들은 특이점이라고 부르는 이 한 점이 138억 년 전에 대폭발을 일으키면서 우주가 시작되었다고 보는데, 이를 대폭발 우주론, 혹은 빅뱅 우주론이라고 합니다.

공간이 팽창하면 밀도가 감소하고 온도도 낮아집니다. 질량은 그대로인데 부피가 커지니까요. 빅뱅의 출발이라 할 수 있는 특이점은 거의 무한에 가까운 온도와 함께 밀도에서도 엄청난 압력을 갖고 있었다고 추론할 수 있습니다. 이렇게 온도와 압력이 높다 보니 현재 우주에서 가장 많은 비중을 차지하고 있는 수소 원자마저도 현재의 형태를 유지할 수 없었다고 합니다.

수소 원자는 원자핵을 이루는 양성자와 그 주위를 도는 전자로 이루어져 있습니다. 그런데 높은 온도와 압력에서는 양성자가 그 형태를 유지하지 못하고, 양성자를 이루는 더 기본적인 입자들인 쿼크(quark)[2] 상태가 됩니다. 즉, 빅뱅이 일어난 당시의 우주에는 우리가 알고 있는 원소가 존재하지 않았던 것이지요.

빅뱅이 일어난 직후의 우주

과학은 증거의 학문입니다. 그렇다면 현재의 우주를 설명하는 빅뱅 우주론에는 어떤 증거가 있을까요?

빅뱅이 일어난 직후 우주에는 쿼크나 전자 같은 여러 종류의 기본 입자들이 생겨났습니다. 초기 우주는 너무나 고온이었기에 입자들의 운동 속도가 빨랐고 이로 인해 엄청난 충돌들이 있었습니다. 그래서 기본 입자들은 생겨났다가 사라지기를 반복했습니다. 그러다가 시간이 아주 조금 흘러 우주 역시 조금 팽창하고 온도가 낮아지자, 충돌이 조금씩 줄면서 양성자(수소의 원자핵), 중성자, 전자로 가득한 우주가 만들어졌습니다.

여기서 온도가 조금 더 낮아지자 양성자와 중성자가 결합한 헬륨 원자핵이 등장합니다. 이 시기 전자들은 우주의 높은 온도 때문에 수소나 헬륨 원자핵에 묶여 있지 않고 자유롭게 돌아다니며 광자[3]를 흡수하였습니다. 이로 인해 빛이 자유롭게 직진을 할 수 없어서 우주는 불투명한 상태

---

2 물리학자 머리 겔만(Murray Gell-Mann)이 발견하여 명명한 우주의 기본 미립자로 위·아래(up·down), 맵시·미묘(charm·strange), 꼭대기·바닥(top·bottom)이라는 6가지 쿼크가 존재한다. 양성자는 위 쿼크 2개와 아래 쿼크 1개로 이루어져 있다.

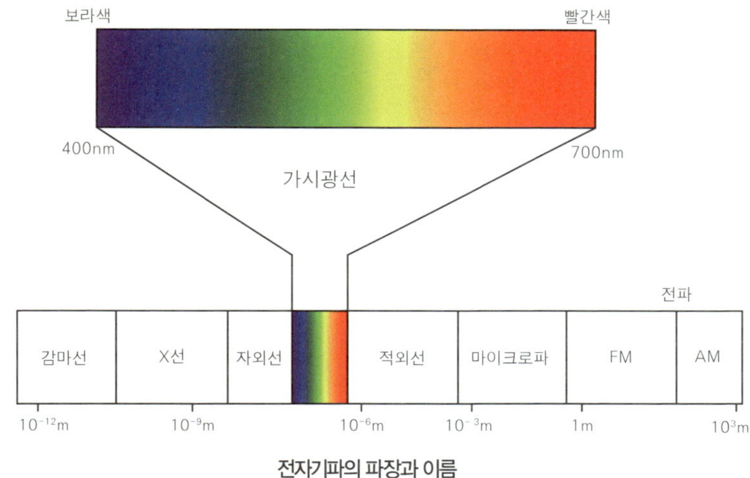

전자기파의 파장과 이름

를 유지했습니다.

빅뱅 이후 38만 년 정도 시간이 지나 우주의 온도가 3000K[4] 정도까지 낮아지자, 전자는 원자핵에 묶이고, 중성의 원자들인 수소와 헬륨이 만들어집니다. 그러면서 빛은 전자들의 방해를 받지 않고 곧장 진행할 수 있게 되어 투명한 우주의 시대가 시작되었지요. 우주는 3000K의 온도에 해당하는 빛(에너지)을 모든 방향으로 방출하였습니다.

여기서 잠깐 빛에 대해 조금 더 알아보기로 하지요. 빛은 다양한 전자기파를 합쳐 부르는 말입니다. 우리가 일반적으로 빛이라고 부르는 것은 가시광선을 말합니다. 눈에 보이는 영역인 400~700nm[5] 파장을 가지고 있고, 빨주노초파남보의 색으로 표현합니다. 빨간색의 파장이 가장 길고

---

3   빛은 파동이자 입자다. 빛을 파동의 성질에서 보자면 전자기파고, 입자의 성질에서 보자면 광자라고 말할 수 있다.

4   '켈빈'이라고 읽으며 절대 온도를 일컫는다. 열역학적 온도라고도 한다. 물질의 특이성에 따라 변하지 않는 절대적인 온도 단위다.

5   10^{-9}m를 가리키는 길이 단위다. 고대 그리스어의 난쟁이를 뜻하는 나노스(nanos)에서 유래했다.

보라색 쪽으로 갈수록 파장이 짧아집니다. 가시광선의 보라색보다 파장이 짧은 영역의 전자기파에는 감마선, X선, 자외선이 있고, 빨간색보다 파장이 긴 영역의 전자기파에는 적외선, 마이크로파, 전파가 있습니다. 그래서 당시에는 가시광선이었던 이 빛이 우주의 팽창으로 파장이 길어져 현재는 마이크로파로 관측됩니다.

다시 앞의 이야기로 돌아갑시다. 빅뱅 이후 38만 년이 지나자 우주는 3000K의 높은 온도에서 가시광선을 방출했습니다. 그런데 우주 공간이 팽창하면서 빛의 파장도 길어졌습니다. 그래서 당시에는 가시광선으로 우주를 가득 채웠던 빛(우주 배경 복사[6])이 지금은 훨씬 긴 파장을 가진 전파의 형태로 남게 된 것입니다.

그렇다면 이 전파는 어떻게 발견할 수 있었을까요?

빅뱅의 증거, 우주 배경 복사를 발견하다

빅뱅을 입증하려면 빅뱅 이후 우주의 팽창으로 파장이 길어진 우주 배경 복사에 해당하는 전파가 검출되어야만 했습니다. 1948년 조지 가모프(George Gamow), 랠프 앨퍼(Ralph Alpher), 로버트 허먼(Robert Herman)은 이러한 우주 배경 복사의 존재를 예견했지만 쉽게 찾아내지 못했습니다. 그러던 중 1965년 벨 연구소의 아노 펜지어스(Arno Penzias)와 로버트 윌슨(Robert Wilson)은 무선 통신에서 나타나는 잡음의 원인을 제거하기 위해 연구하다가, 우주 전역으로부터 동일한 세기를 보이는

---

6 우주 공간에 가득 차 있는 전자기파.

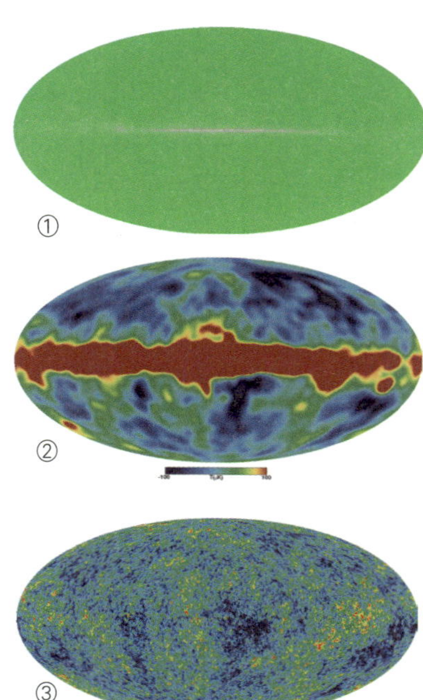

우주 배경 복사 관측의 역사

① 1965년 펜지어스와 윌슨의 관측. 우주 배경 복사가 우주 전체에 나타남을 처음으로 관측했다.

② 1992년 COBE의 관측. 우주 배경 복사를 확인하고 약간의 온도 차를 발견했다.

③ 2003년 WMAP의 관측. COBE보다 정밀하게 온도를 측정했다. 붉은색과 초록색의 온도 차이는 10만분의 1도일 정도로 정밀하다.

대략 7.5cm 파장에서의 전파 신호를 보고했습니다. 그리고 이것이 특별한 천체로부터 오는 것이 아니라 우주 공간 전체에서 온다고 발표했습니다. 가까운 프린스턴 대학의 연구팀은 이것이 과학자들이 찾고 있던 우주 배경 복사임을 확인하고 학회에 발표했지요.

우주 배경 복사를 발견함으로써 빅뱅 우주론은 우주의 기원을 설명한 우주론들 중에서 가장 유력한 지위를 차지했습니다. 그리고 우주 배경 복사를 더 정확하게 관측하기 위해 미항공우주국, 즉 나사(NASA)가 1980년대 후반 COBE(우주 배경 복사 탐사선, Cosmic Microwave Background Explorer) 프로젝트를 진행했습니다. 이로써 우주 전역에는 우주 배경 복사가 고르게 분포하며, 우주의 온도는 $2.728 \pm 0.002K$라는 것을 밝혀냈습니다. 이 탐사를 주도해 노벨상까지 수상한 조지 스무트(George Smoot) 교수는 이후 우리나라의 한 대학에서 석좌교수로 한동안 강의를 하기도 했지요.

2000년대에는 윌킨슨 초단파 비등방 탐사선(WMAP)이라는 위성을 통해 우주 전역에 걸쳐 우주 배경 복사가 관측된다는 사실을 확인하고, 복사의 온도도 더 정확하게 측정하여 우주 전역에 약 10만분의 1의 온도 차가 있음을 알아냈습니다.

최초의 별은 어떻게 생겨났을까?

빅뱅이 일어나고 38만 년이 지났을 무렵에 만들어진 수소 원자핵과 헬륨 원자핵은 전자를 붙잡아 수소와 헬륨 원자가 되었습니다. 그리고 이들 원자는 서로를 끌어당기는 힘, 즉 인력에 의해 모여 빅뱅 이후 5억 년을 전후하여 별과 은하를 형성했죠.

그런데 여기서 의문이 생깁니다. 우주가 균질하다면, 다시 말해 우주의 어디든 온도가 높거나 낮은 데 없이 모두 같다면, 부분적으로 질량 중심이 존재할 수 없을 테니 별이나 은하를 형성할 수 없는 것이 아닐까요?

여기서 앞서 다룬 우주 배경 복사의 온도 차가 중요하게 등장합니다. 우주 배경 복사를 나타낸 지도에서 보이는 붉고 푸른 점은 주변보다 10만분의 1도 정도 온도가 높거나 낮은 부분을 나타냅니다. 즉, 초기 우주에 이 정도의 온도 차이가 존재했는데, 이것이 물질 분포에 차이를 만들어 온도가 낮은 쪽으로 물질들이 모여들었습니다.

이로써 은하가 만들어질 중력적인 공간을 확보하게 된 것입니다. 이러한 공간이 한번 생기면 지속적으로 물질들이 모여서 은하와 별이 만들어집니다. 그리고 이곳에서 최초의 별이 탄생하게 되지요.

온도와 파장의 관계를 보여주는 빈의 변위 법칙

온도를 가진 우주의 모든 물체는 자신의 온도에 해당하는 복사를 방출한다. 이 말은 −273℃(절대온도 0도)가 아닌 모든 물체는 복사를 방출한다는 뜻이다. 복사는 물체의 온도와 관계가 있는데, 특히 최대 에너지를 방출하는 복사의 파장(λmax)은 온도에 반비례한다. 이러한 관계를 밝힌 과학자 빌헬름 빈(Wilhelm Wien)을 기려 이를 빈의 변위 법칙이라고 부른다.

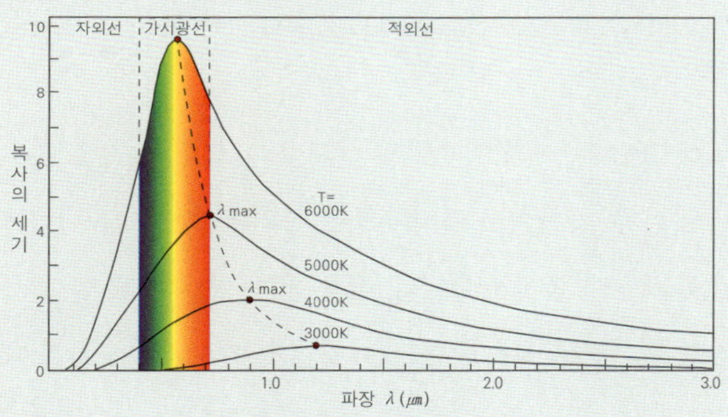

천체의 온도와 방출되는 파장의 관계

표면 온도가 6000K로 매우 높은 태양은 가시광선 영역(0.5㎛ 정도)에서 최대 에너지를 방출하지만, 표면 온도가 300K 정도로 낮은 지구는 적외선 영역(10,000nm=10㎛ 정도)에서 최대 에너지를 방출한다.

우리의 몸은 36.5℃이므로 절대온도로 환산하면 273+36.5≒310K이다. 따라서 주로 적외선으로 에너지를 방출한다.

우주의 수소와 헬륨은 서로 뭉쳐서 별이 됩니다. 이 과정을 간단히 살펴봅시다. 성운은 우주에 존재하는 수소와 헬륨 등이 뭉쳐 있는 집단을 말합니다. 성운 내부의 열에 의해 성운을 팽창시키려는 기체의 압력과 이

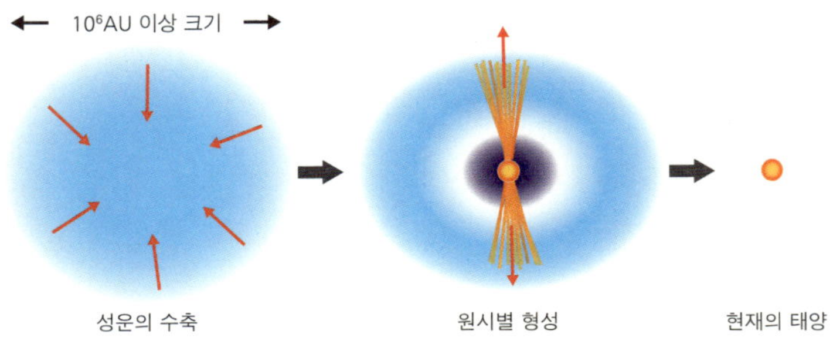

성운이 수축하여 별이 되는 과정

AU는 천문학에서 사용하는 단위로, 1AU는 1억 5000만km다.
그러므로 10^6AU는 150,000,000,000,000km에 달하는 크기다.

들을 뭉치게 하려는 중력이 평형을 이루고 있지요. 그런데 성운 내부의 열은 서서히 우주 공간으로 빠져나가고, 중력에 의해 지름이 줄어들면서 다시 수소와 헬륨이 뭉치게 됩니다. 이를 중력수축이라고 합니다.

이 과정을 거치면서 성운의 온도는 차츰 높아지고 온도와 압력도 상승합니다. 이 단계를 원시별(protostar)이라고 부릅니다. 원시별은 중력수축에 의해 에너지를 방출하지만, 성운이 주변을 둘러싸고 있어서 가시광선 영역에서의 에너지 방출은 나타나지 않습니다.

원시별 중심부의 온도가 1000만K이 되면 수소 원자핵이 빠르게 충돌하면서 헬륨 원자핵을 만드는 반응이 가능해집니다. 이러한 과정을 수소 핵융합 반응이라고 합니다. 수소 핵융합 반응이 시작되면 그때부터 항성(star), 즉 별이라고 부를 수 있는 단계가 됩니다. 그리고 강력한 항성풍이 불어 주변을 둘러싸고 있던 성운을 날려버리면 갑자기 우주에서 빛나기 시작하지요.

질량-에너지 등가의 원리, 즉 $E=mc^2$에도 이와 관련한 아인슈타인의 중요한 원리가 적용됩니다. 아인슈타인은 모든 질량은 그에 상당하는 에너지를 가지고 그 역도 항상 성립한다는 원리를 정리하여 세상에서 가장 유명한 위의 방정식을 발표했습니다.

수소의 원자량은 1.0078이므로 수소 원자 4개가 모이면 질량은 4.0312입니다. 그런데 헬륨의 원자량은 4.0026입니다. 따라서 0.0286의 질량 차이가 발생합니다. $E=mc^2$에 따르면 이 질량 차이에 광속의 제곱을 곱한 값이 에너지로 전환됩니다. 이를 식으로 나타내면 다음과 같습니다. 여기서 1.66×10^{-27}은 원자량 단위입니다.

$$E = 0.0286 \cdot (1.66 \times 10^{-27} \text{kg}) \cdot (3 \times 10^8 \text{m/s})^2 \fallingdotseq 4.3 \times 10^{-12} \text{J}$$
$$= 4.27 \times 10^{-12} \text{kg} \cdot \text{m}^2/\text{s}^2$$

보통 한 끼 식사량이 700kcal 정도인데 이것을 J(줄, Joule) 단위로 바꾸면 약 3,000,000J입니다. 이와 비교하면 핵융합으로 생기는 에너지는 실망스러울 정도로 작아 보일 수 있습니다. 그러나 이는 수소 원자 4개가 반응하여 헬륨 원자핵 하나가 만들어질 때 발생하는 에너지에 불과합니다. 태양 같은 별에서는 1초에 6억 톤이 넘는 수소가 헬륨으로 바뀌기 때문에 발생하는 에너지가 엄청나지요.

별은 진화한다

별의 핵에서 수소가 헬륨으로 융합되는 반응이 계속되면 헬륨이 수소를 대신해 핵의 중심부를 차지하게 됩니다. 별의 일생에서 상당한 시간이 지나 중심부 헬륨의 양이 많아지면 헬륨의 온도가 상승하고, 다시 더 무거운 원소로 융합이 일어날 수 있습니다. 이러한 과정은 별이 충분히 큰 질량을 가지게 될 경우 원자 번호순(원자핵 내의 양성자 수)으로 융합되면서 수소(H), 헬륨(He), 탄소(C), 산소(O), 네온(Ne), 마그네슘(Mg), 규소(Si), 철(Fe)의 순서대로 무거운 원소들이 합성됩니다.

이러한 융합은 별의 질량이 충분히 커졌을 때나 가능합니다. 태양의 질량은 지구의 30만 배가 넘을 정도지만, 다른 별들에 비해 그리 큰 편은 아닙니다. 태양과 비슷한 질량의 별은 중심에서 헬륨이 더 무거운 원소로 융합되는 반응이 일어나지 않거나, 일어나더라도 탄소와 산소까지만 합성됩니다.

이렇게 수소 핵융합 반응이 끝나면 내부의 압력이 낮아져서 중력으로 인해 별이 수축합니다. 그러면서 온도가 상승하고 중심부 바깥의 수소가 반응하면서 에너지가 발생하는데, 이렇게 별이 팽창하며 온도는 낮아져 붉은 거성(red giant)이 됩니다. 이때 반응을 멈추었던 중심부의 헬륨은 압력이 증가하면서 다시 반응을 시작하여 헬륨이 탄소로 바뀌는 핵융합이 일어나지요.

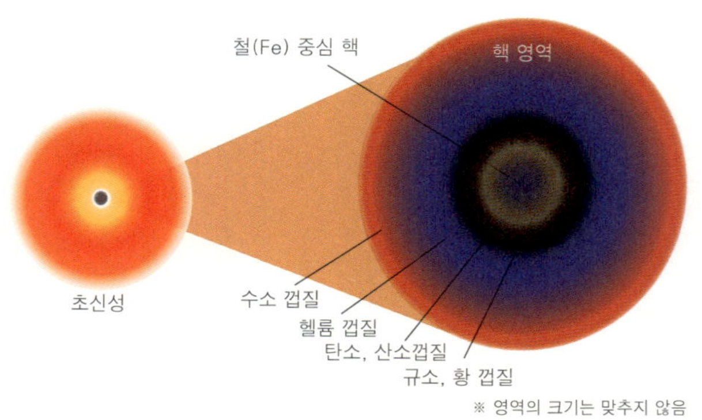

폭발 직전 초신성 핵의 내부 구조

항성과 행성의 차이는?

항성은 영어로 fixed star, 즉 제자리에 있는 별이다. 그래서 붙박이별이라고도 한다. 밤하늘의 별자리를 구성하는 별들은 언제나 같은 자리에 있기 때문에 붙인 이름이다.

이러한 항성들 사이에서 움직이는 천체들이 있는데, 이를 행성(行星)이라고 부른다. 행성은 태양을 공전하며 항성들에 비해 지구에 가깝기 때문에 별자리 사이를 움직이듯이 관찰된다. 중국과 한국에선 행성이라 부르며, 일본에서는 혹성(惑星)이라고 부른다.

그다음 다시 중심부를 둘러싸고 있는 헬륨층과 수소층이 가열되어 별이 팽창하는 과정을 거치다가, 최후에 중심이 수축하여 백색 왜성(white-dwarf)이 되고 바깥 부분은 행성상 성운(planetary nebula)으로 팽창하여 별의 일생을 마칩니다. 태양은 이러한 진화 과정을 거치지요.

질량이 태양의 10배 이상인 별에서는 중심에서 철까지 만들어집니다. 그리고 나면 더 이상 에너지가 발생하지 않아 별의 중심부는 급격하게 수축하지요. 그리고 바깥쪽은 급격하게 팽창하면서 우주 공간으로 초신성 잔해를 흩뿌립니다. 이 과정을 초거성(super-giant) 단계라고 하며 별은 초신성(supernova)이 됩니다. 초신성이 만들어질 때 발생하는 에너지는 철보다 더 무거운 물질을 생성하고 이 원소들이 폭발과 함께 우주 공간으로 흩어지게 됩니다. 이 과정에서 질량이 태양의 25배가 되지 않는 별의 중심부는 중성자성(neutron star)으로, 그보다 큰 별은 블랙홀(black hole)이 되어 별의 일생을 마칩니다.

끝은 새로운 시작이다

초신성 폭발로 별의 일생은 끝이 나지만, 물질의 순환은 계속됩니다. 우주 공간으로 흩어진 초신성 잔해는 새로이 성운을 만드는 물질로 재활용되기 때문입니다. 초신성 잔해는 수소, 헬륨, 그리고 다른 무거운 원소들로 되어 있기 때문에 초신성을 만든 별이 형성되던 당시 성운의 물질과 크게 다르지 않습니다.

성운의 물질은 대부분 우주 공간에 머물다가 대부분 태양과 같은 별이 생성될 때 모여들어 태양계 성운의 일부가 되었습니다. 그러나 일부는 행성을 형성하여 지구를 구성하였지요.

초기 태양계 성운의 안쪽 부분에는 온도가 높아 녹는점이 높은 철이나 암석질 물질이 주로 분포하며, 이후 이 영역에서 지구형 행성이 형성됩니다. 성운의 바깥 부분은 온도가 낮아 녹는점이 낮은 기체 물질(물, 암모니아, 메테인 등)이 주로 분포하여 이후 이 영역에서 목성형 행성이 형성됩니다. 그래서 목성형 행성은 지구형 행성에 비해 밀도가 낮습니다.

이렇게 형성된 지구는 초기에 온도가 높아서 전체가 마그마 상태였습니다. 이때 밀도가 큰 철은 지구 중심부로 이동하여 핵을 형성하였고, 바깥은 맨틀과 지각으로 나뉘게 되었습니다. 가장 바깥쪽인 지각에서는 마그마가 식으며 공급된 기체와 수증기에 의해 기권과 수권이 형성되었는데, 바로 이 수권에서 생명이 탄생했습니다. 생명체는 지구의 여러 권에서 공급된 물질을 이용하여 생명 활동을 지속하였고, 오랜 생명 활동의 결과 지금의 우리, 즉 인류가 등장한 것입니다.

지금까지 우주의 시작인 빅뱅과 최초의 원소 합성, 그리고 별에서 일어난 핵융합에 의해 원소가 합성되는 과정을 알아보았습니다. 별의 진화와

우주의 비밀을 밝힌 키르히호프(Kirchhoff) 법칙

우주에 분포하는 원소들의 존재는 어떻게 알게 되었을까? 여기에 분광학이라는 분야가 등장한다. 프리즘을 통과한 태양빛이 무지개 색으로 산란되는 것을 본 적이 있을 것이다. 이와 마찬가지로 별빛을 모아 분광기(프리즘)에 통과시키면 스펙트럼이 나타난다. 1859년 키르히호프는 분광학에서 중요한 세 가지 법칙을 발표하였다.

1. 항성과 같이 고온의 고밀도 천체에서는 연속 스펙트럼이 나타난다.
2. 고온이지만 밀도가 낮은 기체에서는 몇 개의 밝은 방출선이 나타난다.
3. 시선 방향으로 항성을 저온의 기체가 가리면 항성의 연속 스펙트럼에 몇 개의 어두운 흡수선이 나타난다.

이러한 방출선이나 흡수선 스펙트럼은 원소의 종류에 따라 다른 파장에서 나타난다. 따라서 여러 원소들에 대해 흡수선이나 방출선의 위치를 연구한 다음 천체에서 오는 빛을 분석하면 된다.

태양의 경우 연속 스펙트럼이 나타나지만, 확대한 사진을 보면 곳곳에 흡수선이 나타나는데, 이를 통해 태양 대기의 원소를 파악할 수 있다. 또한 방출 성운의 스펙트럼을 분석하여 성운에 존재하는 원소도 알아낼 수 있다.

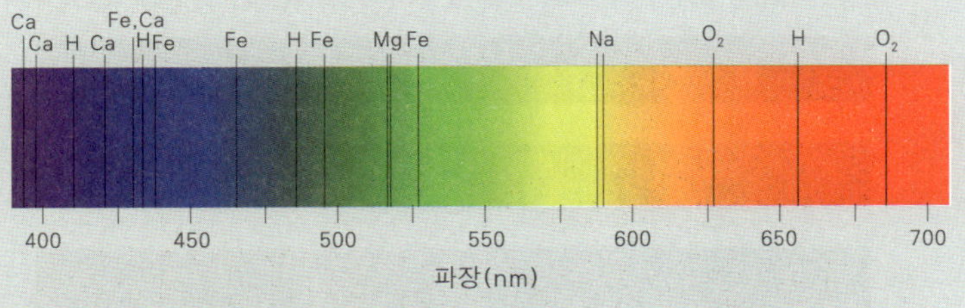

태양의 연속 스펙트럼에 나타나는 흡수선 스펙트럼

그에 따른 물질의 순환도 지켜보았고요.

이처럼 우주에 존재하는 수많은 원소들은 어느 날 불쑥 생긴 것이 아니라, 빅뱅 이후 진행된 우주와 별의 진화 과정을 통해 생긴 것입니다. 이 원소들이 태양계를 만드는 성운에서 지구형 행성인 우리 지구에 공급되었다는 사실도 이제 이해할 수 있겠지요?

탐구 활동 파헤치기

간이 분광기를 활용하여 스펙트럼 관찰하기

종이를 접어 만드는 간이 분광기는 비교적 저렴한 가격에 구입할 수 있다. 빛의 스펙트럼을 관찰하는 분광기 내부에는 가시광선에 해당하는 파장인 400~700nm의 눈금이 표시되어 있어, 방출선 스펙트럼의 파장을 확인하기 편리하다. 분광기로 태양이나 백열등을 관찰하면 연속 스펙트럼을 얻을 수 있다.

일반적으로 학교에서 사용하는 선 스펙트럼 관찰용 광원 장치들은 헬륨(He), 아르곤(Ar), 네온(Ne)을 포함하고 있는데, 관찰해 보면 아래와 같은 방출선을 확인할 수 있다. 스펙트럼을 관찰할 때, 주변 빛의 영향을 줄일 수 있도록 교실의 조명을 낮추는 편이 좋다.

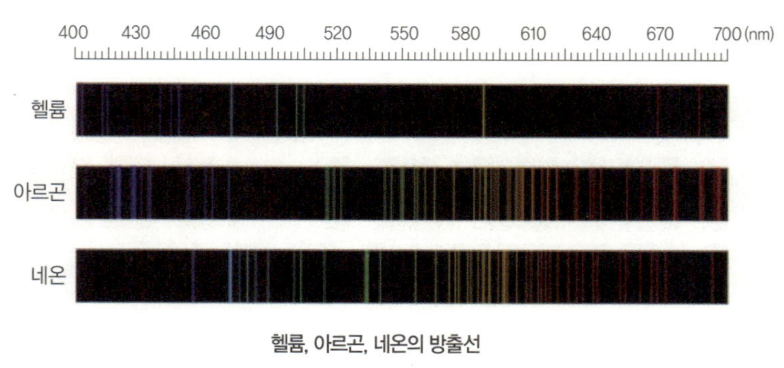

헬륨, 아르곤, 네온의 방출선

2 지구가 탄생하고 생명체가 출현하다

태양계 성운설, 원시 지구, 생명체의 탄생

낮에도 밤에도 하늘에는 별이 떠 있습니다. 다만 낮에는 태양의 밝은 빛이 대기에 산란되어 눈으로 별을 볼 수 없을 뿐입니다. 그런데 초신성만은 예외입니다. 초신성은 질량이 큰 별이 진화 마지막 단계에서 소멸하는 것을 말하는데, 이때 은하 하나가 내는 정도의 에너지를 방출하면서 별로서 생을 마감합니다. 그래서 지구와 가까운 곳에 초신성이 나타나면 낮에도 눈으로 관측할 수 있을 정도로 밝게 빛나지요. 이를 관측하고 연구한 사람들이 있습니다.

17세기에 천문학의 발전을 이끈 요하네스 케플러(Johannes Kepler)에게는 티코 브라헤(Tyco Brahe)라는 스승이 있었습니다. 그는 1572년 11월, 실험실에서 집으로 돌아오던 길에 북쪽의 카시오페이아자리 부근에서 새로운 천체 하나가 빛나고 있는 것을 발견했습니다. 그리고 이 천체의 빛이 사라지기 전인 18개월 동안 관측과 연구를 진행하였습니다.

그 당시 서구인들에게 천구는 항성이 박혀 있는 불변의 공간이었습니다. 그래서 처음에는 그것이 행성이 아닐까 하고 생각했지만, 이 천체는 행성 같은 움직임을 보이지 않았습니다. 결국 티코는 이 천체가 새로운 별이라고 결론지었고 신성(Nova)이라는 새 이름을 붙여주었습니다. 훗날 천문학에서 신성과 초신성을 구분하게 된 이후, 티코가 발견한 천체는 신성이 아니라 초신성인 것으로 판명되었습니다.

이러한 초신성의 폭발은 주변 우주 공간, 특히 태양계 형성에 어떤 영향을 미치는지 알아봅시다.

성운에서 행성이 되기까지

어떤 별의 마지막은 새로운 별의 탄생으로 이어집니다. 약 50억 년 전 우리 태양계 부근에서 초신성이 폭발하였고, 이 폭발로 인해 주변으로 수많은 물질을 공급하게 된 것처럼 말이지요.

현재의 우리 태양계가 있는 위치에 존재했던 거대한 성운은 안정한 상태로 오랜 시간을 보내고 있었을 것입니다. 성운은 온도가 높으면 성운을 이루는 수소 원자의 압력이 높아져 팽창하고 온도가 낮으면 중력에 의해 수축하는데, 이 압력과 중력이 평형을 이루면 안정한 상태를 유지합니다.

그런데 초신성 폭발의 영향을 받은 성운은 안정 상태가 무너지면서 중력적으로 불안정해지고 중력에 의해 수축을 하게 됩니다. 그러면서 항상 약간은 회전하는데, 수축하는 성운의 회전 속도는 갈수록 빨라집니다.[7]

성운의 중앙으로 계속해서 물질들이 모여들며 수축이 일어나 원시별

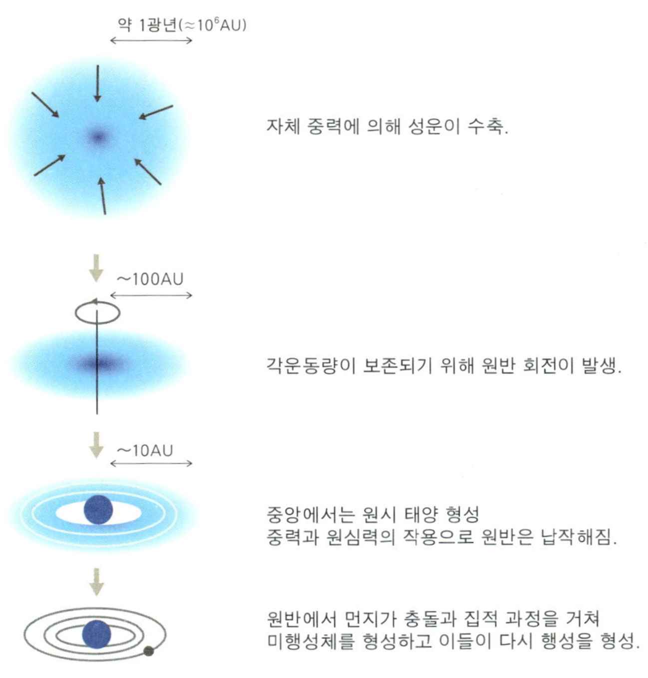

원시 성운이 수축하여 태양계가 되는 과정

로 발달하는 과정에서, 외부는 납작한 원반 모양으로 물질들이 모여들며 수축합니다. 원반의 중심부는 막 태어나는 별인 태양의 영향으로 온도가 높고, 바깥의 온도는 낮아집니다. 원반의 물질들은 서로 충돌하면서 집적되어 성장하여 점차 미행성체(planetesimal)가 됩니다. 미행성체는 주로 철이나 암석질 물질로 구성되며, 바깥 원반은 온도가 낮아 물(H_2O)이나 암모니아(NH_3), 메테인(CH_4) 등 얼음이 포함되어 있습니다.

---

7 이를 '각운동량 보존'이라 한다. 회전하는 물체의 반지름, 질량, 회전 속력의 곱은 항상 일정하다. 팔을 벌리고 돌던 피겨 스케이팅 선수가 제자리 회전을 할 때 팔을 오므리면 회전이 빨라지는 것도 같은 원리다.

황소자리에 있는 초신성 잔해인 게성운

황소자리에는 게성운이 있다. 천문학자들은 이 성운을 관측하다가 성운이 팽창하고 있다는 것을 확인하였고, 팽창 속력을 계산했다. 그 결과 게성운이 약 1000년 전에 폭발하였을 것이라고 추측하게 되었다. 그러나 서양의 고대 관측 기록에는 이러한 기록을 찾을 수 없었다. 그러던 중 중국 송나라의 관측 기록에서 아래와 같은 내용을 찾았다.

지화 원년 5월 기축일(양력 7월 4일), 천관(天関, 황소자리 제타)에서 동남쪽으로 수척 떨어진 곳에 (객성이) 나왔으며, 1년 남짓한 기간 동안 사라지지 않았다.(至和元年五月己丑, 出天関東南可数寸, 歳余稍没.)

— 『송사(宋史)』 56권 「천문지(天文志)」

지화 원년은 1054년이다. 이 기록의 발견으로 동양의 관측 기록을 등한시하던 서양의 과학자들은 동양의 고(古)천문학 기록에 관심을 가지기 시작했고, 적극적으로 연구 결과를 받아들이게 되었다.

이렇게 지구형 행성인 수성, 금성, 지구, 화성은 주로 철과 암석질 물질로 구성되어 밀도가 큰 행성이 되었습니다. 반면에 목성이나 토성 같은 목성형 행성은 철과 암석질 외에 물, 암모니아, 메테인 등이 포함되어 밀도가 작은 행성이 되었습니다.

물은 어디에서 왔을까?

앞서 태양계 성운의 안쪽 원반에서 형성된 지구형 행성은 대부분 철과 암석질로 되어 있다고 했습니다. 그렇다면 '지구 표면의 70%를 덮고 있는 물은 어떻게 존재하게 되었을까?'라는 의문이 필연적으로 생기게 됩니다.

태양계의 소천체들은 행성처럼 원에 가까운 타원 궤도를 도는 것이 아니라 원에서 많이 벗어나 일그러진 궤도를 돌고 있습니다. 초기 원반 상태일 때 미행성체들도 아마 이런 궤도로 돌았을 것입니다. 그럼 물이 많이 포함된 목성형 행성이 형성되는 곳의 소천체도 지구 궤도 근처까지 들어올 수 있었을 것이고, 우연히 지구의 중력에 이끌려 지구와 충돌했을 수 있습니다. 이러한 미행성체들이 지구에 물을 공급했을 것으로 추정하고 있습니다.

또한 주로 물이 다른 물질들과 엉켜 얼어붙은 얼음으로 구성된 혜성의 핵도 초기 지구에 물을 공급한 원인이 될 수 있었을 것입니다. 혜성 역시 이심률[8]이 큰 궤도를 돌고 있으므로 차가운 바깥에서 형성된 다량의 물 얼음을 지구에 공급했을 것으로 추정할 수 있습니다.

이러한 충돌이 태양계 형성 초기에는 지금과 비교할 수 없을 정도로 빈번했을 것입니다. 초기 태양계에서 일어난 충돌의 결과, 궤도가 불안정한 소천체들은 거의 사라지고 지금의 태양계에는 태양, 8개의 행성, 명왕성을 포함한 5개 정도의 왜소행성, 소행성, 혜성이 어느 정도 안정한 상태를 유지하고 있지요.

우리가 살고 있는 현재의 지구에서는 아주 드물게 소천체와 충돌이 일

---

8 원 궤도에서 벗어난 정도를 말한다.

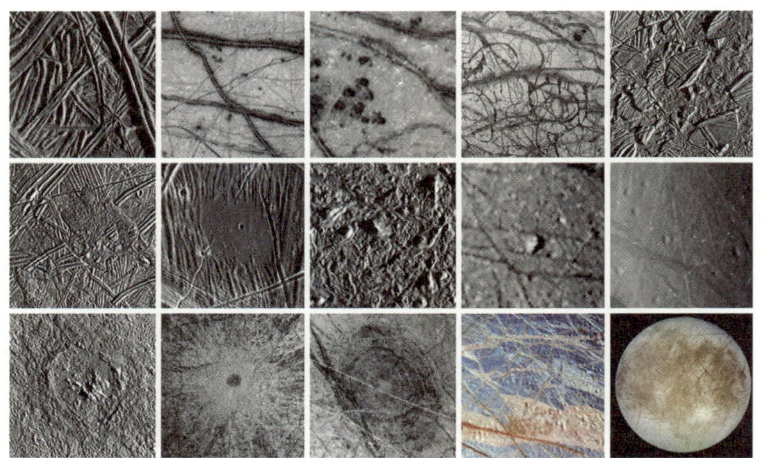

목성의 위성인 유로파 표면의 다양한 모습

어납니다. 중생대 공룡 멸종의 원인으로 추정되는 소행성 충돌이 대표적이지요. 이러한 충돌은 수억 년에 한 번 정도로 일어나고 있습니다.

그렇다면 태양계에 지구처럼 물이 풍부한 다른 천체는 없을까요? 만일 그런 천체가 있다면 지구형 행성 부근과 목성형 행성 부근 중 어디에 있을 확률이 높을까요?

당연히 목성형 행성 부근일 것입니다. 실제 목성의 위성 중 하나인 유로파는 표면 전체가 물 얼음으로 덮여 있습니다. 목성 탐사선이 촬영한 그림을 보면 편평한 위성의 표면에는 수많은 얼음이 서로 엉켜 있고, 외부 천체와의 충돌로 깨진 것으로 보이는 부분도 다시 얼음으로 채워져 있습니다. 얼음에서 보이는 균열이 지구의 해령[9]과 유사하다는 연구도 나와

---

9 해양저 산맥이라고도 하며, 바다 깊은 곳에 산맥처럼 솟아 있는 지형을 일컫는다.

있습니다.

또한 목성 탐사선인 갈릴레오 탐사선의 연구 결과 유로파의 표면에서는 지구의 판 구조 운동과 같이 하나의 판이 다른 판 아래로 비스듬하게 들어가거나 서로 충돌한 흔적도 확인되었습니다. 이는 지구 외의 장소에서도 판 구조론이 성립한다는 증거입니다.

바다, 생명체의 요람

미행성체의 충돌로 만들어진 지구는 충돌에 의한 에너지, 방사성 원소의 붕괴에 의한 에너지 등으로 행성 전체가 '거대한 마그마 바다' 상태가 됩니다. 이후 시간이 흘러 충돌이 줄고 방사성 원소 붕괴도 감소하면서 지구는 점차 식어갔지요. 이 과정에서 마그마에서 기체가 방출되었는데, 이는 지구의 초기 대기를 형성했습니다. 마그마에서 공급되는 기체에는 이산화 탄소(CO_2)나 수증기 등이 풍부한데, 이들은 대표적인 온실 기체이기도 합니다.

대기 중의 수증기는 응결하여 비가 되어 내리고 지표면의 저지대에 모였습니다. 이것이 바다입니다. 이때 이산화 탄소는 바다에 공급되고, 다시 방해석 같은 광물로 침전하여 석회암을 형성해서 지권으로 들어갑니다. 이렇게 초기 대기의 이산화 탄소는 급격하게 감소하였습니다.

비는 대기 중의 이산화 탄소만을 녹여내는 데 그치지 않습니다. 지표에 내린 비는 지하수와 하천수로 흐르면서 암석의 성분도 녹입니다. 암석에 포함되어 있던 원소 주기율표 왼쪽의 1, 2족 알칼리 금속(Na, K 등)과 알칼리 토금속(Mg, Ca 등)이 녹아서 바다로 들어갑니다. 바닷속에서 일어나

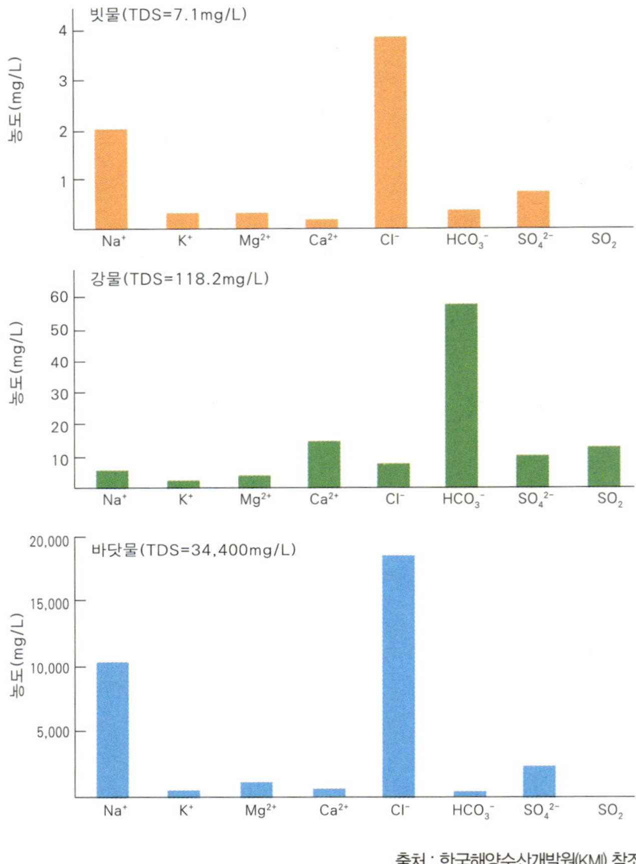

빗물, 강물, 해수에 녹아 있는 원소 성분

TDS(Total Dissolved Salt)는 녹아 있는 염류의 총량을 의미한다.

는 마그마의 분출인 해저 화성 활동은 다량의 물질, 특히 황(S)이나 염소 (Cl) 같은 16, 17족 원소들을 공급합니다. 이러한 과정은 지난 40억 년 간 계속되어 현재 해수에 포함된 염류의 주성분이 되었습니다.

지금까지 등장한 해수에 포함된 원소들을 한번 나열해 볼까요? 탄소 (C), 산소(O), 나트륨(Na), 칼륨(K), 마그네슘(Mg), 칼슘(Ca), 황(S), 염소

(Cl)……. 이들이 결합하여 해수의 염류인 염화 나트륨(NaCl), 염화 마그네슘($MgCl_2$), 황산 마그네슘($MgSO_4$), 황산 칼륨(K_2SO_4) 등을 형성하게 된 것입니다.

왼쪽 그래프는 빗물, 강물, 해수의 성분을 비교한 것입니다. 그런데 이상하지요? 강물이 흘러 해수가 되었을 텐데 왜 다른 성분들과 달리 칼슘(Ca^{2+}), 중탄산 이온(HCO_3^-) 성분이 해수에서 급격하게 감소했을까요? 이 성분은 석회암을 이루는 방해석($CaCO_3$)을 형성하거나 해양 생물의 골격을 구성하는 탄산 칼슘($CaCO_3$)으로 이용된 것으로 추정할 수 있습니다.

여기서 해저 화성 활동에 대해 한 번 더 살펴보도록 하겠습니다. 1870년대까지 인류는 경험에 근거하여 지구상의 모든 생명체가 태양에서 오는 에너지에만 의존한다고 생각했습니다. 그래서 생태계를 구성하는 가장 아래 단계에 광합성 생물인 식물성 박테리아를 두었던 것입니다. 이런 이유로 심해에는 식물성 박테리아가 없고 산소도 없으므로 해양 생태계가 유지되기 힘들 것으로 생각했습니다.

그런데 1870년대 영국의 HMS 챌린저(HMS Challenger)호가 5년간 전 세계 해양을 탐사하며 지금껏 보지 못한 독특하면서도 다양한 생물을 심해에서 많이 발견했습니다. 당시에는 어떻게 이런 일이 가능한지 파악하지 못했기 때문에, 해수 표층에서 내려오는 영양분과 고래 같은 대형 동물의 사체가 주된 에너지 공급원일 것으로 추측했습니다.

그 후 1977년 심해 탐사용 잠수정인 앨빈(Alvin)이 동태평양의 갈라파고스 부근 해저를 탐사하다가 수십 미터 크기의 심해 열수 분출구를 발견하였습니다. 이곳에서 황(S)과 메테인(CH_4)을 포함한 다양한 무기물에 의존해 살아가는 박테리아를 비롯한 생명체들을 찾아냈습니다.

이 발견 이전에 과학자들은 밀러-유리(Miller-Urey) 가설에 따라 원시

유로파에 외계 생명체가 존재할까?

유로파는 인류가 미래에 거주지로 삼을 가능성이 높으며 외계 생명체가 존재할 가능성이 가장 유력한 천체 중 하나다. 유로파에 생명체가 존재한다면 그것은 얼음 밑의 바다에 있을 것이고, 지구의 심해 열수 분출구 주변에 서식하는 미생물과 비슷할 것으로 예상된다. 유로파에 생명체가 존재한다는 직접적인 증거는 없지만, 탐사선들은 유로파에 액체 상태의 물이 존재할 가능성이 높다는 자료들을 보내왔다.

유로파는 모(母)행성인 목성의 중력 영향으로 위성 내부에 마그마 활동이 나타나고, 이로 인해 얼음으로 된 표면 아래에 액체인 물로 된 바다가 존재한다고 과학자들은 믿고 있다. 그래서 과학자들은 지구의 심해 열수 분출구 주변 생태계에 서식하는 박테리아와 고세균 같은 생명체가 유로파의 바다에 있으리라 추정한다.

NASA의 제트 추진 연구소 수석 연구과학자인 로버트 파팔라도(Robert Pappalardo) 박사는 다음과 같이 말했다.

"우리는 한때 화성 생명체를 찾기 위해 많은 시간과 노력을 들였습니다. 오늘날에는 유로파가 그러한 장소입니다. (중략) 유로파는 잠재적으로 생명체에 필요한 모든 물질을 가지고 있습니다. (중략) 이는 몇십억 년 전 이야기가 아니라, 지금 현재의 이야기입니다."

대기의 성분이 번개 같은 방전 현상에 의해 유기물로 합성되어 바다에 공급되고, 이들이 결합하여 생명체가 탄생했을 거라고 추측하고 있었지요. 그런데 심해 열수 분출구 주변에서 초기 형태의 박테리아를 비롯한 생명체를 발견하자, 어쩌면 이곳이 지구 최초의 생명체가 탄생한 곳이 아닐까

하는 생각을 갖게 되었습니다.

물론 아직까지는 이 환경에서 생명체가 탄생했다는 직접적인 증거는 없습니다. 그러나 RNA 연구를 통해 이들 박테리아가 지구상에 등장한 시기가 35억 년 이전이라는 것을 알아내는 등, 후속 연구가 뒷받침되면서 현재 가장 유력한 생명 탄생에 관한 가설로 자리 잡고 있습니다.

지금까지 성운에서 태양계가 탄생하고, 지구가 생겨나 바다가 형성되고, 그곳에서 최초의 생명체가 탄생하는 과정을 살펴보았습니다. 아직 최초의 생명체 탄생 과정은 완전히 알아내지 못했지만, 이 생명체로부터 시작하여 지구의 수많은 생명체들이 진화해 왔다는 것을 알게 되었지요. 이처럼 지구와 생명의 역사는 우주의 진화 과정과 깊은 관련을 가지고 지금까지 이어져온 것입니다.

지구와 생명체의 구성 성분을 비교하여 우주와 지구 역사를 통한 구성 성분의 유래 탐구하기

지구의 구성 성분을 조사하다 보면 원소들의 성분비가 크게 차이 나는 자료들을 발견할 수 있다. 이는 지구 전체의 구성 성분과 지각의 구성 성분을 구분하지 않고 조사할 때 생기는 결과다.

지구 전체의 구성 성분은 지구 내부의 핵과 맨틀은 물론, 외부의 지각과 해양 및 대기 전체를 구성하는 물질의 성분을 뜻하지만, 지각의 구성 성분은 지각만을 구성하는 물질의 성분을 뜻한다.

약 46억 년 전, 마그마 바다 상태였던 초기 지구에서 밀도가 큰 물질은 중앙으로 이동해 핵을 이루었고, 밀도가 작은 물질은 표면으로 이동하면서 냉각되어 지각을 형성하였다. 따라서 따라서 지구 내부 핵을 구성하는 물질과 지각을 구성하는 물질이 다르며, 이들 물질을 구성하는 성분 원소의 비율 역시 큰 차이를 보인다.

구성 성분, 즉 원소의 유래를 탐구할 때는 빅뱅 이후 생성된 원소인 수소, 헬륨과 별 내부에서 핵융합 반응으로 생성된 원소인 헬륨, 탄소, 질소, 산소 등을 구분하는 것이 중요하다. 특히 헬륨은 빅뱅 직후에 생성된 헬륨과 별 내부에서 형성된 헬륨, 두 가지가 존재하므로 주의해서 살펴보아야 한다.

탐구 활동을 통해 우리 몸을 구성하는 모든 원소들이 빅뱅과 별 내부에서 만들어졌음을 이해하고, 인간의 기원을 우주의 역사와 연결하여 생각해 보는 계기가 되었으면 한다.

3 자연은 원소의 규칙성을 어떻게 이용할까?

주기율, 주기율표, 금속과 비금속, 원자가 전자, 원자와 전자

지금까지 별의 진화 과정을 이야기하면서 수소, 헬륨, 탄소, 산소, 네온, 마그네슘, 규소, 철 등이 우주의 탄생과 함께 만들어진 원소라는 것을 배웠습니다. 우주의 탄생으로부터 만들어진 원소, 세상을 구성하는 원소, 인간을 구성하는 원소, 빵을 구성하는 원소, 분자를 구성하는 원소……. 이렇게 원소는 다양한 모습으로 우리 주변에서 삶의 지도를 펼치고 있습니다. 그렇다면 원소란 무엇일까요?

원소는 다른 물질로 분해되지 않으면서 물질을 이루는 기본 성분입니다. 이때 기본 성분은 물질이면서 동시에 그 물질의 종류를 나타내고, 물질을 구성하는 기본 입자를 원자라고 합니다. 예를 들어 '수소'라고 부를 때 수소 분자나 수소 원자처럼 다른 물질로 분해되지 않는 기본 성분 물질이면서 동시에 수소라는 종류를 나타냅니다. 이때 수소 분자나 수소 원자는 모두 수소 원자라는 기본 입자로 구성되어 있습니다.

자연에 존재하는 원소에는 어떤 것이 있을까요? 수소, 헬륨, 탄소, 질소, 산소, 나트륨, 염소, 칼륨 등 많은 원소가 자연 속에 있습니다. 이런 원소들은 자연에서 마음대로 아무렇게나 존재할까요? 아니면 어떤 규칙성을 가지고 있을까요?

이번 장에서 자연은 원소들의 규칙성을 어떻게 이용하는지, 규칙성이 있다면 어떤 모습으로 보여주는지 알아보도록 합시다.

원소를 분류한 과학자들

자연에 존재하는 원소의 종류는 몇 가지일까요? 2025년 기준으로 현재까지 세상에 알려진 원소는 총 118가지입니다. 118가지 원소를 성질에 따라 규칙성을 찾아 정리한 표를 주기율표라고 합니다.

18세기 초반까지는 약 20여 가지의 원소가 발견되었으나 18세기 후반에 들어 과학자들의 노력으로 많은 원소들을 발견했습니다. 이에 따라 원소 분류에 대한 관심이 높아졌습니다.

고대 그리스의 탈레스는 모든 만물을 만드는 단 한 가지 원소를 물이라고 생각했고, 아리스토텔레스는 물에 불, 공기, 흙을 추가하여 지상의 4가지 원소가 만물을 만들었다고 생각했지요. 아리스토텔레스는 4가지 원소를 자신이 정한 기준으로 분류했는데, 예를 들어 물과 흙은 무거운 원소로, 불과 공기는 가벼운 원소로, 또한 물과 흙은 차가운 원소로, 불과 공기는 뜨거운 원소로 나눌 수 있다고 생각했습니다.

아리스토텔레스는 이러한 4가지 원소가 이루는 지상의 세계가 불완전하여 천상의 세계에 '에테르(ether)'라는 제5원소가 있다는 데까지 생각

Periodic table — element data (atomic number · symbol · Korean name · English name · atomic weight)

No.	Symbol	국문	English	Atomic weight
1	H	수소	hydrogen	1.008 [1.0078, 1.0082]
2	He	헬륨	helium	4.0026
3	Li	리튬	lithium	6.94 [6.938, 6.997]
4	Be	베릴륨	beryllium	9.0122
5	B	붕소	boron	10.81 [10.806, 10.821]
6	C	탄소	carbon	12.011 [12.009, 12.012]
7	N	질소	nitrogen	14.007 [14.006, 14.008]
8	O	산소	oxygen	15.999 [15.999, 16.000]
9	F	플루오린	fluorine	18.998
10	Ne	네온	neon	20.180
11	Na	소듐	sodium	22.990
12	Mg	마그네슘	magnesium	24.305 [24.304, 24.307]
13	Al	알루미늄	aluminium	26.982
14	Si	규소	silicon	28.085 [28.084, 28.086]
15	P	인	phosphorus	30.974
16	S	황	sulfur	32.06 [32.059, 32.076]
17	Cl	염소	chlorine	35.45 [35.446, 35.457]
18	Ar	아르곤	argon	39.948
19	K	포타슘	potassium	39.098
20	Ca	칼슘	calcium	40.078(4)
21	Sc	스칸듐	scandium	44.956
22	Ti	타이타늄	titanium	47.867
23	V	바나듐	vanadium	50.942
24	Cr	크로뮴	chromium	51.996
25	Mn	망가니즈	manganese	54.938
26	Fe	철	iron	55.845(2)
27	Co	코발트	cobalt	58.933
28	Ni	니켈	nickel	58.693
29	Cu	구리	copper	63.546(3)
30	Zn	아연	zinc	65.38(2)
31	Ga	갈륨	gallium	69.723
32	Ge	저마늄	germanium	72.630(8)
33	As	비소	arsenic	74.922
34	Se	셀레늄	selenium	78.971(8)
35	Br	브로민	bromine	79.904 [79.901, 79.907]
36	Kr	크립톤	krypton	83.798(2)
37	Rb	루비듐	rubidium	85.468
38	Sr	스트론튬	strontium	87.62
39	Y	이트륨	yttrium	88.906
40	Zr	지르코늄	zirconium	91.224(2)
41	Nb	나이오븀	niobium	92.906
42	Mo	몰리브데넘	molybdenum	95.95
43	Tc	테크네튬	technetium	
44	Ru	루테늄	ruthenium	101.07(2)
45	Rh	로듐	rhodium	102.91
46	Pd	팔라듐	palladium	106.42
47	Ag	은	silver	107.87
48	Cd	카드뮴	cadmium	112.41
49	In	인듐	indium	114.82
50	Sn	주석	tin	118.71
51	Sb	안티모니	antimony	121.76
52	Te	텔루륨	tellurium	127.60(3)
53	I	아이오딘	iodine	126.90
54	Xe	제논	xenon	131.29
55	Cs	세슘	caesium	132.91
56	Ba	바륨	barium	137.33
57–71		란타넘족	lanthanoids	
72	Hf	하프늄	hafnium	178.49(2)
73	Ta	탄탈럼	tantalum	180.95
74	W	텅스텐	tungsten	183.84
75	Re	레늄	rhenium	186.21
76	Os	오스뮴	osmium	190.23(3)
77	Ir	이리듐	iridium	192.22
78	Pt	백금	platinum	195.08
79	Au	금	gold	196.97
80	Hg	수은	mercury	200.59
81	Tl	탈륨	thallium	204.38 [204.38, 204.39]
82	Pb	납	lead	207.2
83	Bi	비스무트	bismuth	208.98
84	Po	폴로늄	polonium	
85	At	아스타틴	astatine	
86	Rn	라돈	radon	
87	Fr	프랑슘	francium	
88	Ra	라듐	radium	
89–103		악티늄족	actinoids	
104	Rf	러더포듐	rutherfordium	
105	Db	두브늄	dubnium	
106	Sg	시보귬	seaborgium	
107	Bh	보륨	bohrium	
108	Hs	하슘	hassium	
109	Mt	마이트너륨	meitnerium	
110	Ds	다름슈타튬	darmstadtium	
111	Rg	뢴트게늄	roentgenium	
112	Cn	코페르니슘	copernicium	
113	Nh	니호늄	nihonium	
114	Fl	플레로븀	flerovium	
115	Mc	모스코븀	moscovium	
116	Lv	리버모륨	livermorium	
117	Ts	테네신	tennessine	
118	Og	오가네손	oganesson	

Lanthanoids (57–71)

No.	Symbol	국문	English	Atomic weight
57	La	란타넘	lanthanum	138.91
58	Ce	세륨	cerium	140.12
59	Pr	프라세오디뮴	praseodymium	140.91
60	Nd	네오디뮴	neodymium	144.24
61	Pm	프로메튬	promethium	
62	Sm	사마륨	samarium	150.36(2)
63	Eu	유로퓸	europium	151.96
64	Gd	가돌리늄	gadolinium	157.25(3)
65	Tb	터븀	terbium	158.93
66	Dy	디스프로슘	dysprosium	162.50
67	Ho	홀뮴	holmium	164.93
68	Er	어븀	erbium	167.26
69	Tm	툴륨	thulium	168.93
70	Yb	이터븀	ytterbium	173.05
71	Lu	루테튬	lutetium	174.97

Actinoids (89–103)

No.	Symbol	국문	English	Atomic weight
89	Ac	악티늄	actinium	
90	Th	토륨	thorium	232.04
91	Pa	프로트악티늄	protactinium	231.04
92	U	우라늄	uranium	238.03
93	Np	넵투늄	neptunium	
94	Pu	플루토늄	plutonium	
95	Am	아메리슘	americium	
96	Cm	퀴륨	curium	
97	Bk	버클륨	berkelium	
98	Cf	캘리포늄	californium	
99	Es	아인슈타이늄	einsteinium	
100	Fm	페르뮴	fermium	
101	Md	멘델레븀	mendelevium	
102	No	노벨륨	nobelium	
103	Lr	로렌슘	lawrencium	

표준 주기율표(대한화학회, 2016)

을 발전시켰습니다. 이러한 아리스토텔레스의 생각을 바탕으로 〈제5원소〉라는 영화가 만들어지기도 했습니다.

1997년 제50회 칸 영화제 개막작인 〈제5원소〉는 지구인이 우주 악당에 맞서 사라진 4개의 원소를 찾고 마지막 제5원소의 비밀을 밝힌다는 줄거리입니다. 감독은 이 작품에서 제5원소를 무엇이라고 했는지 영화를 감상하고 생각해 보는 것도 의미가 있겠습니다.

아리스토텔레스 이후 근대에 들어와 과학적인 의미를 가지고 원소를 분류한 과학자는 18세기 후반 프랑스의 화학자 앙투안 라부아지에(Antoine Lavoisier)였습니다. 그는 당시 알려진 30여 가지 원소들을 산소와 반응해서 생기는 생성물의 성질에 따라 4개의 군으로 분류했습니다. 동물과 식물 및 광물에 포함된 원소, 산을 만드는 원소, 염기를 만드는 원소, 염을 만드는 원소를 각각 하나의 군으로 분류한 것입니다. 라부아지에의 분류는 근대적 의미로 분류를 시도했다는 의의가 있지만, 현대적 관점에서 보면 큰 의미는 없다는 한계가 있습니다.

여기서 잠깐! 여러분이 알고 있는 유명한 부부 과학자는 누가 있나요? 퀴리(Curie) 부부? 맞습니다. 퀴리 부부는 라듐(Ra)이라는 원소를 발견하여 분리해 낸 공로로 1903년 노벨 물리학상을 공동으로 수상한 프랑스의 물리화학자입니다. 부인인 마리아 퀴리는 남편인 피에르 퀴리가 사망한 이후 1911년 노벨 화학상을 단독으로 수상하기도 했습니다.

그런데 이토록 유명한 부부 과학자인 퀴리 부부보다 100년 전에 활동한 부부가 바로 라부아지에 부부입니다. 앙투안 라부아지에와 그의 부인 마리-앤 라부아지에 역시 프랑스의 부부 과학자였습니다.

중세에서 근대로 넘어오는 19세기는 여성 과학자를 낮게 평가하던 시대였기 때문에 라부아지에 부부는 퀴리 부부만큼 유명하지는 않았습니다. 그러나 훌륭한 동료로서 근대 화학 역사에 많은 실험적 가치와 이론적 업적을 남겼지요. 아쉽게도 앙투안 라부아지에는 세금을 거두는 조합원이라는 이유로 프랑스혁명 당시 단두대에서 사형을 당했습니다.

이후 19세기 중반에 이르러 대부분 원소들의 물리적·화학적 성질에 대한 연구가 발표되자 원소의 유사성을 찾는 연구가 집중되었습니다. 1817년 독일의 화학자 요한 되베라이너(Johann Döbereiner)는 화학적으로 성질이 유사한 3개의 원소를 쌍으로 묶었습니다.

예를 들어 칼슘(Ca), 스트론튬(Sr), 바륨(Ba)은 화학적 성질이 비슷한 원소들이며, 원자량 또한 각각 40, 88, 137로 비슷한 차이로 늘어납니다. 즉, 스트론튬의 원자량이 칼슘과 바륨 원자량의 평균값에 가까운 것입니다.

되베라이너는 이렇게 화학적 성질이 비슷한 원소들의 원자량을 측정하여 규칙성을 찾아서 분류했습니다. 이 밖에 염소(Cl)-브로민(Br)-아이오딘(I), 리튬(Li)-나트륨(Na)-칼륨(K)의 경우도 3쌍 원소에 포함됩니다. 그러나 되베라이너의 분류 방법은 모든 원소에 적용할 수 없다는 한계가 있었습니다.

19세기 중반 음악에 조예가 깊었던 영국의 화학자 존 뉴랜즈(John Newlands)는 원소들을 원자량 순서로 배열하면 옥타브 음계처럼 8번째마다 물리적·화학적 성질이 비슷한 원소가 나타난다는 사실을 발견했습니다. 그래서 이를 '옥타브 법칙'이라고 명명하였지요.

당시에는 18족 원소인 비활성 기체가 발견되지 않았기 때문에 옥타브 법칙이 성립할 수 있었습니다. 현재는 17족 원소인 할로젠 원소와 1족 원소인 알칼리 금속 원소 사이에 비활성 기체 원소가 들어가므로 9번째마다 비슷한 성질이 나타난다고 볼 수 있습니다.

멘델레예프가 발견한 원소의 규칙성

원자 번호 101번 Md는 '멘델레븀'이라고 읽습니다. 이 원소는 러시아의 화학자 드미트리 멘델레예프(Dmitri Mendeleev)를 기리기 위해서 명명한 원소입니다. 1869년 멘델레예프는 원소의 성질과 원자량과의 관계에 관한 연구 결과를 발표했습니다. 여기에는 원소들을 원자량뿐만 아니라 물리적·화학적 성질도 함께 고려하여 배열함으로써 원소의 성질이 주기적으로 나타나는 것을 표현한 주기율표가 포함되어 있었지요.

그는 원소의 성질을 조사하기 위해 여러 장의 카드를 준비하고, 각 카드마다 원소의 특징을 기록한 뒤 바닥에 펼친 후 여러 가지 조합으로 배열을 바꾸면서 일정한 규칙을 찾아냈습니다. 당시 알려진 63종의 원소를 분류하여 가로축과 세로축에 배열한 표가 바로 멘델레예프의 주기율표입니다.

원소의 규칙을 찾는 데 왜 카드를 이용했을까요? 멘델레예프가 자신만의 주기율표를 완성하게 된 계기와 관련된 일화가 있습니다. 멘델레예프는 상트페테르부르크 대학의 화학과 교수였습니다. 그런데 기숙사 생활을 하는 학생들이 밤새 카드 게임을 하고 다음 날 아침에 졸린 상태로 강의실에 들어오는 모습을 보고는, 학생들에게 자신이 연구하고 있는 원소의 규칙성을 알려주기 위해서 카드 게임을 도입했다고 합니다.

그는 종이로 만든 카드에 원소의 성질과 원자량을 적은 다음, 학생들에게 규칙성을 찾아서 배열해 보라고 하고, 배열이 끝난 학생은 기숙사로 돌아가도 좋다고 제안했습니다. 카드 게임에 자신이 있는 학생들은 몇 번이고 주어진 원소 카드 배열을 시도했습니다. 멘델레예프 역시 답을 모르고 제안한 것이라 학생들과 함께 수많은 시도를 했는데도 정확한 배열 방법을 찾지 못해 애만 태우며 시간을 보낼 수밖에 없었습니다.

그러던 어느 날, 멘델레예프는 꿈속에서 자신이 고민했던 원소의 규칙성이 반영된 주기율표의 모습을 보게 되었습니다. 잠에서 깬 그는 꿈속에서 본 장면을 그대로 옮겨 적었는데, 이것이 오늘날 우리가 사용하는 주기율표의 기본 틀이 탄생하는 순간이었습니다.

이 일화는 멘델레예프가 원소의 규칙성을 우연히 발견했다거나 꿈의 해몽으로 해결했다는 이야기가 아니라, 그가 그만큼 오랜 시간 동안 고민하고 연구한 과학자였음을 알려줍니다.

멘델레예프가 제안한 주기율표는 3쌍 원소는 물론 전체적인 가로축과 세로축 및 대각선의 관계에서도 규칙성을 찾을 수 있습니다. 또한 그의 주기율표에는 그 당시 발견하지 못한 원소를 위한 빈칸도 마련되어 있었습니다. 멘델레예프는 새로운 원소가 발견될 것이라고 보고 그 원소의 원자량 및 특성까지 예측하고는, 후대에 발견할 과학자에게 원소 이름을 부여하는 영광을 남겨주기 위해서 이름은 미리 짓지 않았습니다.

예를 들어 멘델레예프는 주기율표를 발표할 때 원소를 원자량 순서로 배열하면 화학적 성질이 다른 원소가 세로줄에 온다는 이유로 알루미늄(Al)과 규소(Si)의 아래 칸을 비우고, 각각 에카알루미늄과 에카규소라고 명명했습니다. 에카(eka)는 산스크리트어로 1을 뜻하며, 주기율표에서 같은 족에 속하면서 다음 주기에 있다는 뜻입니다.

주기율표에서 가로줄을 주기(period), 세로줄을 족(group 또는 family)이라고 부르는데, 현재 주기율표에서 에카알루미늄은 갈륨(Ga)이고, 에카규소는 저마늄(Ge)입니다.

특히 저마늄의 경우에 원자량은 물론 밀도, 색상, 녹는점, 화합물 등이 멘델레예프가 예상했던 것과 대부분 일치하여 멘델레예프가 제안한 주기율표는 이후 과학계에서 널리 인정받게 되었습니다. 심지어 앞으로 발견될 원소를 함유한 광물이 묻혀 있는 지역을 예측하기도 했다니 멘델레예프의 열정과 노력에 큰 박수를 보내고 싶습니다.

만약 멘델레예프가 업적에 욕심이 많은 과학자였다면 원소의 이름은 미리 짓고, 이후 후배 과학자의 발견마저 자신의 업적으로 삼을 수도 있었겠지요. 그러나 그렇게 하지 않은 것을 보면, 멘델레예프는 윤리의식을 제대로 갖춘 과학자가 아닌가 하는 생각이 듭니다.

멘델레예프 이후 원자핵이 양성자와 중성자로 구성되었다는 원자 구조가 밝혀지면서 주기율표는 원자량 순서보다는 양성자 개수를 뜻하는 원자 번호 순서로 배열되었습니다. 원자량 순서가 아닌 원자 번호에 따라 원소를 배열하는 방식은 영국의 과학자 헨리 모즐리(Henry Moseley)가 제안했습니다.

그 당시 대부분의 과학자들은 멘델레예프가 제안한 방법에 따라 원자량 순서로 번호를 정했는데, 28번 니켈(Ni)과 27번 코발트(Co)에서는 원자량 순서가 맞지 않았습니다. 코발트의 원자량이 니켈의 원자량보다 약간 크기 때문에 원자량 순서에 따르면 코발트가 28번, 니켈이 27번의 위치에 배열되어야 했지만 이럴 경우 주기율에서 벗어나 주기율표가 제 역할을 못 하게 됩니다. 모즐리는 X선을 이용하여 원소들을 분석한 결과, 원자들을 원자 번호 순서로 배열하면 멘델레예프의 주기율표에서 발생하는 이런 문제들을 해결할 수 있다는 사실을 알아냈습니다.

결국 모즐리 덕분에 주기율표에서 현재 코발트가 27번, 니켈이 28번에 주기성을 가지면서 맞게 배열될 수 있었습니다. 그러나 모즐리의 연구 결과 역시 양성자의 존재를 발견하기 이전에 내린 결론을 포함하고 있어서 원자 번호의 의미를 정확하게 정의하지 않았다는 한계가 있습니다. 더구

놀라운 멘델레예프의 예측과 모즐리의 주기율표

멘델레예프와 모즐리 이후 주기율표의 개념이 일부 수정되었다. 그러나 원자 번호가 커질수록 원소의 원자량도 대체로 증가하는 것으로 볼 때, 원자 구조를 명확히 알지 못하던 그 시절에 멘델레예프가 이룬 업적은 우연한 발견이 아님을 알 수 있다. 멘델레예프가 원자량 순서를 어기면서 화학적 성질에 따라 배열했던 일부 원소도 후대에 원자 번호 순서로 배열하면 문제가 없어진다는 것이 밝혀지기도 했다.

멘델레예프가 제안한 주기율표 이후 모즐리가 제안한 주기율표 역시 원소들의 순서는 바뀌지 않아 멘델레예프의 업적을 다시 세상에 드러내게 되었다.

나 모즐리는 원소에 X선을 쪼였을 때의 반응과 원자 번호의 관계를 수학적으로 증명한 이후 아깝게도 제1차 세계대전이 진행 중인 1915년에 젊은 나이로 사망하여, 자신의 연구가 가진 한계를 극복할 시간을 갖지 못했습니다.

과학자들은 물질에 대한 연구를 진행할 때 원소의 특성을 이해하기 위해서 주기율표를 참고합니다. 주기율표를 보면서 어떤 원소들이 유사한 성질을 갖는지, 새로운 물질을 합성할 때 어떤 원소들을 활용할지 등을 생각하는 것입니다.

특히 물질을 다루는 연구를 수행할 때, 주기율표에서 원소들의 규칙성을 이해하는 것은 미지의 물질세계를 접할 때의 두려움을 친숙함으로 바꿔주는 역할을 하기도 합니다. 원소들의 규칙성을 알면 미궁에 빠진 연구가 새로운 탈출구를 찾을 수 있기 때문에, 과학자들은 끊임없이 각 원소의 규칙성을 찾아내기 위해 오늘도 주기율표의 원소를 뚫어지게 바라보고 있습니다.

금속 원소와 비금속 원소의 규칙성은 무엇일까?

자연에 존재하는 원소는 금속 성질을 갖는 원소와 비금속 성질을 갖는 원소로 분류할 수 있습니다. 금속은 열과 전기가 잘 흐르는 물질이고, 비금속은 열과 전기가 흐르지 않거나 흐르더라도 매우 미약하게 흐르는 물질을 말합니다. 118개 원소가 배열된 주기율표를 살펴보면 금속 원소는 주로 왼쪽에, 비금속 원소는 주로 오른쪽에 배열되어 있습니다. 주기율표에서 같은 세로줄, 즉 같은 족에 배열된 원소는 화학적 성질이 유사합니다. 이것이 주기율표에서 원소의 규칙성을 찾는 데 가장 중요한 기준이지요.

주기율표에서 리튬(Li), 나트륨(Na), 칼륨(K) 같은 1족 금속 원소는 쉽게 잘릴 정도로 무르고, 공기 중에서 쉽게 산소와 반응하여 산화되어 금속 특유의 밝은 광택을 잃습니다. 또한 물에 넣으면 물과 반응하여 수소 기체를 발생시키며 격렬하게 녹아 들어가고, 화학 반응으로 쉽게 양이온이 되는 성질을 공통적으로 가지고 있습니다. 과학자들은 이처럼 성질이 비슷한 원소들 사이에 규칙성이 있을 것이라고 보고 그 규칙성을 찾기 위해서 노력했습니다.

1족 원소는 수소를 제외하고 모두 금속이며, 특히 1족의 금속 원소를 알칼리(alkali) 금속 원소라고 부릅니다. 알칼리는 물에 녹는 염기를 말하는데, 물에 녹아 염기를 띠는 성질을 염기성 또는 알칼리성이라고 부르는 이유가 바로 이 때문입니다. 알칼리 금속은 문구용 칼로도 쉽게 잘리고, 잘린 단면의 색은 겉면의 색과 다른데 겉면은 공기 중에서 쉽게 산화됩니다. 또한 알칼리 금속을 물에 넣으면 매우 격렬하게 반응하면서 수소 기체가 발생합니다.

알칼리 금속이 물과 반응하여 발생한 수소 기체를 모아 불을 붙이면 '펑' 하는 소리와 함께 수소 기체가 폭발합니다. 물과 반응성이 크기 때문에 알칼리 금속은 공기 중의 수증기를 차단할 수 있는 석유 같은 액체 속에 보관해야 합니다.

주기율표에서 1족 원소 바로 옆 세로줄에는 2족 원소인 베릴륨(Be), 마그네슘(Mg), 칼슘(Ca) 등이 배열되어 있습니다. 이들 2족 원소는 모두 금속 원소이며, 알칼리 토금속이라고도 부릅니다. 금속 앞에 붙인 '토(土)'는 흙을 뜻합니다. 즉, 흙에서 쉽게 얻을 수 있는 원소라는 뜻입니다.

알칼리 토금속은 대체로 은백색을 띠며, 무르고 밀도가 낮습니다. 화학 반응하여 쉽게 양이온이 되고, 할로젠 원소와 결합하면 염을 생성합니다. 염이란 금속의 양이온과 비금속의 음이온이 결합한 물질을 말합니다. 일부 알칼리 토금속은 알칼리 금속처럼 물과 격렬한 반응을 하여 강한 염기성 수산화물을 만들 수 있습니다. 나트륨이나 칼륨, 칼슘이 상온에서 물과 반응하는 것과 달리, 마그네슘은 상온에서 물과 반응하지 않고 수증기와 격렬히 반응합니다.

주기율표에서 17족 원소는 비금속 원소이며, 할로젠 원소라고 불립니다. 할로젠이란 '염을 만드는 물질'이라는 뜻의 그리스어에서 따온 이름입니다. 플루오린(F), 염소(Cl), 브로민(Br), 아이오딘(I) 등이 여기에 해당하지요. 할로젠 원소는 화학 반응하여 쉽게 음이온이 되며, 할로젠 원소끼리 2원자 분자 상태가 되어 세상에 존재합니다.

할로젠 분자들은 색을 띠고 있으며, 유독한 경우가 많으니 다룰 때 조심해야 합니다. 할로젠 분자는 수소 기체와 반응하여 할로젠화 수소를 생성하는데, 할로젠화 수소는 물에 녹아 산성을 나타냅니다. 또한 할로젠 분자는 알칼리 금속과 쉽게 반응하여 염을 만듭니다. 할로젠 원소는 반응성이 커서 살균이나 표백에 이용하기도 하는데, 우리나라 대부분의 정수 시설에서는 물을 살균 및 소독하기 위해서 염소 기체를 사용합니다.

이 밖에도 반도체를 만드는 데 사용하는 14족 원소인 규소(Si)와 저마늄(Ge)은 외부 조건에 따라 전기적으로 도체, 혹은 부도체 성질을 띱니다. 이러한 반도체 성질을 갖는 규소와 저마늄은 산업 현장에서 각종 전자 소자 재료로 이용됩니다. 최근에는 14족 원소의 규칙성을 이용하여 탄소를 반도체 소자로 이용하는 기술이 개발되고 있습니다.

다양한 모양과 주제의 주기율표

주기율표는 118개 원소를 원소 기호와 이름으로 표기하여 7개 주기와 18개 족을 기준으로 배치한 형태가 일반적이지만, 모양이나 형식을 다양하게 표현하여 나타낼 수 있습니다. 원소가 일상생활에서 어떤 용도로 사용되는지를 간단한 그림으로 나타낸 주기율표도 있지요.

평면에 펼친 그림 형태로 나타낸 주기율표와 달리 7개 주기와 18개 족을 원에 배열하여 주기율표의 중심에서 같은 족의 원소들이 같은 반지름 위에 놓이도록 표현한 주기율표도 있습니다. 기존의 평면 주기율표를 오려서 입체 모양으로 만든 것도 있고요. 해당 원소를 발견한 과학자의 국가를 표

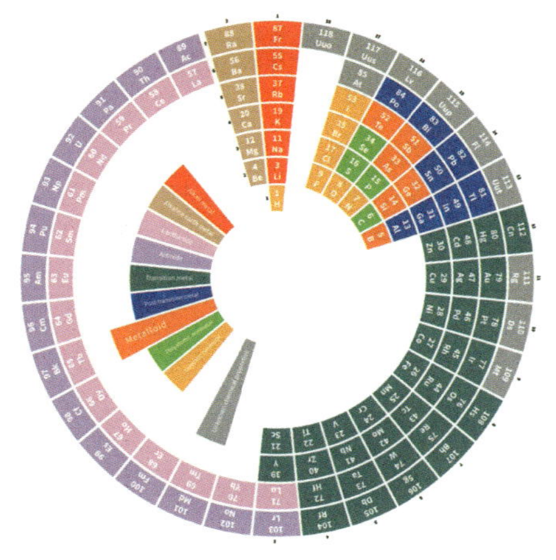

원 모양의 주기율표(위)와 일상생활 속 원소의 다양한 용도를 나타낸 주기율표(아래)

시한 주기율표도 있습니다.

이 장에서는 자연이 원소의 규칙성을 어떻게 이용하는지 알아보았습니다. 자연에 존재하는 원소들은 아무렇게나 존재하는 것이 아니라 일정한 규칙과 조화를 이루며 세상을 구성하고 있습니다. 이렇게 규칙과 조화를 이루는 원소들을 한자리에 모은 주기율표는 화학적 성질이 비슷한 원소들끼리 일정한 규칙에 따라 배열한 것입니다. 물질을 이루는 원소들의 규칙성을 이용하여 우리는 현재 세상을 이해하고, 미래를 예측할 수 있습니다.

같은 족 원소들의 유사성을 탐구하는 실험 설계하기

이 탐구 활동에서는 주기율표 1족 원소와 17족 원소의 유사성을 알아보기 위한 실험을 직접 설계해 본다. 학교에서 해당 실험을 진행하기에는 폭발 위험이나 유독성 기체 발생 등 안전상의 어려움이 있으므로, 실험 설계에 초점을 맞추어 탐구 활동을 진행한다. 중학교 2학년 과학에서 배운 '주기율표에서 성질이 유사한 원소를 찾을 수 있다'는 내용을 바탕으로, 1족 원소의 물과의 반응성, 18족 원소의 안정성 등 족별로 지닌 특성을 떠올리며, 실험 설계를 위해 필요한 자료와 가설을 먼저 정리한 후 탐구를 시작한다.

1족 원소의 경우 수소(H)를 제외한 알칼리 금속인 리튬(Li), 나트륨(Na), 칼륨(K)에 대한 실험 설계를 예로 들 수 있다. 이미 배운 바와 같이, 이 금속들은 상온에서 고체 상태이며 칼로 쉽게 자를 수 있을 만큼 무르고, 공기 중 산소와 반응할 때 금속 특유의 광택을 잃는다. 상온에서는 물과 격렬하게 반응하여 수소 기체를 발생시키고, 그 수용액은 염기성을 띠게 된다.

탐구 활동 과정은 크게 '자료 탐색하기 → 가설 세우기 → 가설 검증용 실험 설계하기 → 가설 검증하기' 순서로 진행된다. 예를 들어 '알칼리 금속은 유사한 성질을 갖는다'는 가설을 설정한 후, 기존에 학습한 자료를 활용해 이를 검증할 수 있다.

17족에 속하는 비금속 대표 원소인 할로젠에는 플루오린(F_2), 염소(Cl_2), 브로민(Br_2) 등이 있다. 이때 활용하는 자료는 1족 원소의 경우와 달라질 수 있다. 이런 방식으로 각 족의 원소들이 어떤 점에서 유사한 성질을 갖는지를 체계적으로 탐구해 볼 수 있다.

4 원자는
왜 화학 결합을 할까?

헬륨을 가득 채운 색색의 풍선이 높이 떠 있는 맑은 하늘을 상상해 봅시다. 그런데 왜 풍선에는 헬륨보다 더 가벼운 수소가 아닌 헬륨을 채울까요? 그것은 풍선이 터지더라도 하늘을 올려 다보는 우리의 안전에 문제가 없도록 하기 위해서입니다. 수소는 풍선이 터질 때 폭발을 일으킬 수도 있으니까요.

헬륨은 수소 다음으로 가벼운 원소이며 다른 원소와 잘 반응하지 않지만, 지구상에는 거의 존재하지 않습니다. 대기 속 헬륨의 양은 약 0.0005% 정도로 매우 적으며, 주로 방사성 물질을 포함하는 광물이나 운철 등에 소량으로 존재합니다. 그러나 미국의 텍사스나 뉴멕시코, 캔자스, 오클라호마, 애리조나, 유타 등에서 산출되는 천연가스에는 지구 대기 조성비보다 훨씬 많은 양의 헬륨이 포함되어 있기도 합니다. 천연가스 속에 헬륨이 포함되어 있는 까닭은 무거운 방사성 원소의 원자핵이 붕괴하면서 만드는 알파 입자인 헬륨 원자핵($^{4}_{2}He^{2+}$) 때문입니다.

반면 헬륨은 우주에서는 수소에 이어 두 번째로 흔한 원소로서, 은하계 전체 원소의 약 25%를 차지합니다. 태양과 가스 행성(목성, 토성, 천왕성, 해왕성)들도 수소와 헬륨이 대기의 대부분을 차지하고 있습니다. 수소는 수소 원자 2개가 화학 결합하여 더 안정한 수소 분자를 만드는 데 비해 헬륨은 화학 결합하지 않고 원자 자체로 안정하게 존재합니다.

왜 수소는 안정한 물질을 만들기 위해 화학 결합을 하는데 헬륨은 그러지 않는 걸까요? 헬륨 말고도 화학 결합을 하지 않고 안정하게 존재하는 원소가 있을까요?

이번 장에서는 원자가 화학 결합을 하는 이유와 함께 어떻게 화학 결합을 하는지 알아봅시다.

비활성 기체를 닮아야 안정하다

비활성 기체를 닮아야 안정하다는 말의 의미를 알기 위해서는 먼저 비활성 기체의 정의를 알아야 합니다. 멘델레예프가 제시한 63종의 원소가 포함된 주기율표에는 현대 주기율표의 18족에 해당하는 원소, 즉 비활성 기체가 없었습니다. 그 이유는 무엇일까요?

앞에서 언급했듯이 주기율표의 1족 알칼리 금속 원소와 17족 할로젠 원소는 반응성이 매우 커서 화학 반응이 쉽게 일어납니다. 그러나 이와 달리 18족 원소인 헬륨(He), 네온(Ne), 아르곤(Ar) 등은 반응성이 별로 없어서 화학 반응이 거의 일어나지 않지요. 그래서 18족 원소들을 '다른 원소와 반응하지 않는 원소, 활성이 없는 원소'라는 뜻으로 처음에는 '불활성 기체' 또는 '불활성 원소'라고 불렀습니다.

이후 과학자들이 일부 18족 원소가 불안정하지만 짧은 시간 동안 화합물을 형성한다는 사실을 알아내서 이름을 비활성 기체라고 바꿔 지금까지 부르고 있습니다.

이제 비활성 기체라고 불리는 18족 원소가 왜 안정성을 갖는지, 그 이유와 18족 원소만의 특징을 가장 바깥 전자껍질[10]에 채워진 전자 수를 통해서 알아봅시다.

18족 원소 중 원자 번호 2번 헬륨은 가장 바깥 전자껍질에 채워진 전자 수가 2이고, 나머지 18족 원소인 네온과 아르곤 등은 가장 바깥 전자껍질에 채워진 전자 수가 각각 8입니다. 18족 원소인 비활성 기체는 다른 원소와의 반응성이 거의 없어서 자연계에서 혼자 안정적으로 존재합니다.

반면 가장 바깥 전자껍질에 채워진 전자 수가 1인 리튬(Li), 나트륨(Na), 칼륨(K) 같은 1족 알칼리 금속 원소와 가장 바깥 전자껍질에 채워진 전자 수가 7인 플루오린(F), 염소(Cl), 브로민(Br), 아이오딘(I) 같은 17족 할로젠 원소는 반응성이 매우 커서 다른 원소와 쉽게 화학 반응합니다. 결국 가장 바깥 전자껍질에 채워진 전자 수에 따라 반응성이 거의 없기도 하고, 매우 크기도 한 것입니다.

원자의 반응성과 가장 바깥 전자껍질에 채워진 전자 수는 어떤 관계가 있을까요? 18족 원소의 공통점은 헬륨을 제외하고 가장 바깥 전자껍질에 채워진 전자 수가 8이라는 것입니다. 이 사실이 안정성의 비밀을 풀어줄 테니 지금부터 원자 구조의 세계로 들어가 봅시다.

---

10 원자핵 주변에서 전자가 돌고 있는 궤도를 이르는 말. 각 껍질에는 전자가 여러 개 들어가는데, 여기에는 일정한 규칙이 있다.

다음 그림은 원자 번호 8번인 산소 원자의 구조를 모형으로 나타낸 것입니다.

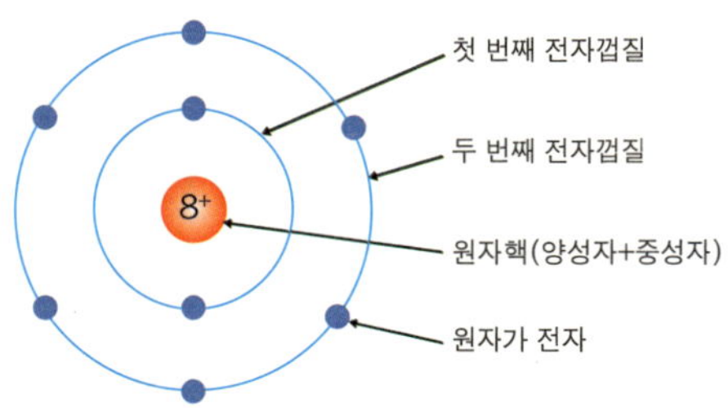

가운데 원자핵을 중심으로 전자가 채워져 있는데 전자가 채워진 부분을 전자껍질이라고 부릅니다. 우리는 가장 바깥 전자껍질에 채워진 전자에 관심을 가져야 합니다. 이 전자는 다른 원자의 가장 바깥 전자껍질에 채워진 전자와 제일 가까운 거리에서(=가장 높은 확률로) 만날 수 있으므로 화학 반응에 참여할 수 있는 대표 전자라고 할 수 있습니다.

다음 그림은 18족 원소인 헬륨, 네온, 아르곤 원자의 전자 배치를 모형으로 나타낸 것입니다.

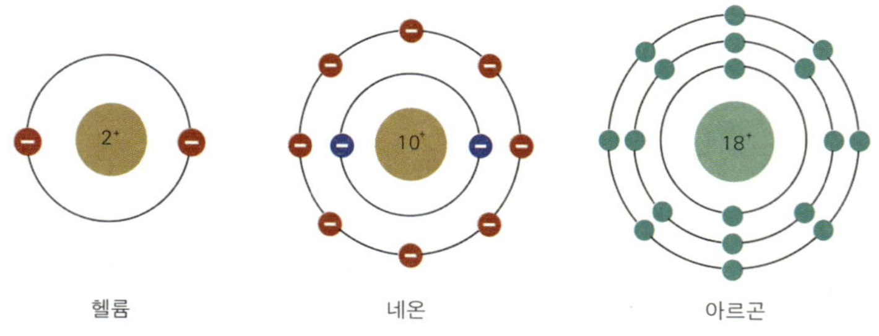

헬륨은 1주기 18족 원소이고, 네온은 2주기 18족 원소, 아르곤은 3주기 18족 원소입니다. 주기가 커질수록 전자껍질 수는 1개씩 증가하지만, 헬

륨을 제외하고 18족 원소에 해당하는 원자의 가장 바깥 전자껍질에 채워진 전자 수는 8로 같습니다. 전자껍질 수는 다르지만 가장 바깥 전자껍질에 채워진 전자 수는 같은 것입니다. 그러면 각 전자껍질에 최대로 채울 수 있는 전자 수는 얼마일까요?

원자핵과 가장 가까운 전자껍질, 즉 가장 안쪽 전자껍질에 최대로 채울 수 있는 전자 수는 2입니다. 그다음 두 번째 전자껍질에 최대로 채울 수 있는 전자 수는 8, 세 번째 전자껍질에 최대로 채울 수 있는 전자 수도 8입니다. 결국 18족 원소의 원자는 가장 바깥 전자껍질에 최대로 전자를 채우고 있다는 공통점이 있습니다. 이를 바탕으로 자연계에서 안정한 모습으로 존재하는 것입니다.

그러므로 비활성 기체를 닮아야 안정하다는 말은 결국 비활성 기체의 전자 배치를 닮아야 한다는 뜻이지요. 즉, 어떤 원소가 18족 원소의 원자 가장 바깥 전자껍질에 채워진 전자 수를 닮으면 18족 원소처럼 안정하다는 의미입니다.

전자를 주고받은 양이온과 음이온이 만나다

1족 알칼리 금속 원소에 속하는 나트륨(Na) 원자는 가장 바깥 전자껍질에 채워진 전자 수가 1로 18족 원소와 달리 반응성이 큽니다. 17족 할로젠 원소에 속하는 염소(Cl) 원자도 마찬가지로 가장 바깥 전자껍질에 채워진 전자 수가 7로 18족 원소와 달리 반응성이 큽니다.

그런데 이렇게 반응성이 큰 나트륨 원자의 양이온과 염소 원자의 음이온이 반응하여 만드는 화합물인 염화 나트륨(NaCl)은 안정합니다. 반응성이 큰 원자의 이온들로 이루어진 화합물이 안정한 이유는 무엇일까요?

나트륨과 염소 원자는 반응성이 매우 크기 때문에 자연계에서 원자 상태로 안정하게 존재하기 어려워 염화 나트륨 같은 화합물을 만들어 안정한 상태로 존재하려고 합니다. 염화 나트륨은 우리가 살고 있는 1기압, 상온에서 안정한 고체 물질이며, 물에 녹아 쉽게 이온이 됩니다. 다음은 염화 나트륨이 물에 녹으면서 이온화하는 반응의 화학 반응식입니다.

$$NaCl \rightarrow Na^+ + Cl^-$$

염화 나트륨이 물속에서 나트륨 이온(Na^+)과 염화 이온(Cl^-)으로 이온화할 수 있는 이유는 염화 나트륨 내에서 나트륨은 나트륨 이온으로, 염소는 염화 이온으로 존재하기 때문입니다. 나트륨 원자는 나트륨 이온이 되면서 가장 바깥 전자껍질에 채워진 전자 1개를 잃어 양이온이 되고, 염소 원자는 염화 이온이 되면서 가장 바깥 전자껍질에 전자 1개를 얻어 음이온이 됩니다.

이렇게 만들어진 양이온인 나트륨 이온과 음이온인 염화 이온이 정전기적 인력으로 결합하여 염화 나트륨을 만드는 것이지요. 이처럼 양이온과 음이온 사이에 형성되는 화학 결합을 이온 결합이라고 합니다. 이온 결합은 주로 전자를 잃기 쉬운 금속 원소와 전자를 얻기 쉬운 비금속 원소 사이에서 일어납니다.

그렇다면 왜 나트륨 원자는 전자를 잃어 양이온이 되고, 염소 원자는 전자를 얻어 음이온이 될까요?

1족 알칼리 금속 원소인 나트륨 원자는 가장 바깥 전자껍질에 채워진 전자 수가 1로 18족 원소에 비해 상대적으로 전자 배치가 불안정합니다.

반대에 끌리는 정전기적 인력

전기적으로 반대 전하를 가진 입자 사이에 서로를 끌어당기는 전기적 인력을 정전기적 인력이라고 한다. 일반적으로 전자와 원자핵 사이, 양이온과 음이온 사이에 발생한다. 정전기적 인력의 크기는 '쿨롱(Coulomb)의 법칙'을 통해 구할 수 있다. 쿨롱의 법칙이란 두 대전된 입자 사이에 작용하는 정전기적 인력이 두 전하의 곱에 비례하고, 두 입자 사이의 거리의 제곱에 반비례한다는 법칙이다. 이온 결합 화합물은 정전기적 인력으로 서로 결합되면서 만들어진다.

그래서 가장 바깥 전자껍질에 채워진 전자 1개를 잃으면 가장 바깥 전자껍질이 안쪽에 있는 전자껍질로 바뀌면서 8개의 전자가 배치된 모습을 보여주지요. 이때 나트륨 원자가 전자 1개를 잃은 전자 배치는 18족 원소인 네온의 전자 배치와 같아져 안정해집니다.

마찬가지로 17족 할로젠 원소인 염소 원자는 가장 바깥 전자껍질에 채워진 전자 수가 7로 18족 원소에 비해 상대적으로 전자 배치가 불안정합니다. 그러나 가장 바깥 전자껍질에 전자 1개를 얻으면 전자 수가 8이 되지요. 이때 염소 원자가 전자 1개를 얻은 전자 배치는 18족 원소인 아르곤의 전자 배치와 같아져 역시 안정해지는 것입니다.

결국 가장 바깥 전자껍질에 채워진 전자 수가 적은 원자는 전자를 잃어 양이온이 되어 안정한 18족 원소의 전자 배치를 닮고, 가장 바깥 전자껍질에 채워진 전자 수가 많은 원자는 전자를 얻어 음이온이 되어 안정한 18족 원소의 전자 배치를 닮습니다. 다음 그림은 나트륨 원자와 염소 원자가 이온화하여 이온 결합을 형성하는 모습을 나타낸 것입니다.

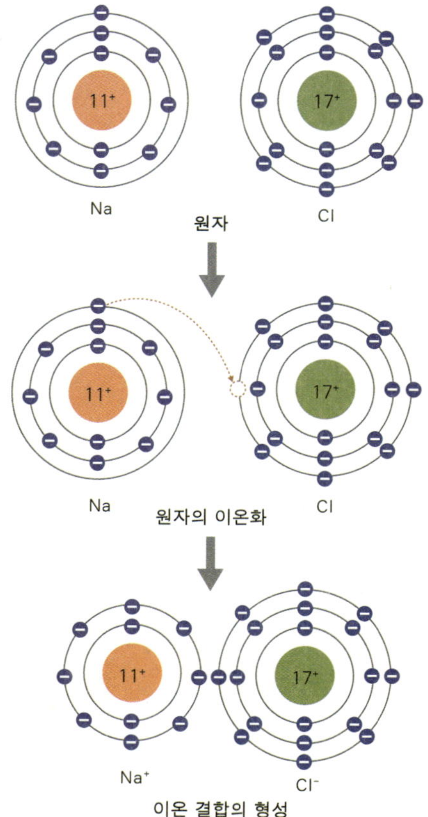

나트륨 이온과 염화 이온의 이온 결합

이온 결합으로 만들어진 다양한 화합물

나트륨 이온과 염화 이온이 이온 결합을 형성하여 만든 화합물인 염화 나트륨을 주성분으로 하는 물질은 무엇일까요?

바로 음식에 넣어 먹는 소금입니다. 소금을 영어로 salt라고 부르지요. 영어사전에서 salt를 검색하면 첫 번째로는 '소금', 두 번째로는 '염'이라는 풀이가 나옵니다. 염이란 무엇일까요? 염은 산의 음이온과 염기의 양이온

우유니 소금 사막의 낮과 밤

이 정전기적 인력으로 결합하고 있는 이온 결합 화합물을 말합니다. 주로 물에 녹아 중성을 띠는 물질이 많으나, 산성이나 염기성을 띠는 물질도 있습니다. 염화 나트륨을 주성분으로 하는 소금 결정도 염에 해당합니다.

볼리비아에 위치한 살라르 데 우유니(Salar de Uyuni)는 건조 호수에 형성된 소금 사막입니다. 넓이가 무려 $10,582km^2$에 이르는 세계에서 가장 큰 소금 사막입니다. 사막 가운데에는 선인장으로 가득 찬 '물고기 섬'이 있는데 이곳에서 나는 주요 광물로 암염과 석고가 있습니다. 암염은 소금 같은 다양한 염으로 형성된 암석인데, 암염이 햇빛이나 별빛에 반사되는 모습이 아름다워 살라르 데 우유니는 '세상에서 가장 큰 거울'이라고 불립니다.

지각 변동으로 솟아올랐던 바다가 빙하기를 거쳐 2만 년 전 녹기 시작하면서 이 지역에 거대한 호수가 만들어졌는데, 이후 기후가 건조하여 물이 모두 증발하고 소금 결정만 남았습니다. 이렇게 생긴 것이 우유니 소금 사막이지요. 우유니 지역의 연 강수량은 200mm 미만으로 건조한 편인 데다가 기온이 높은 낮에 증발이 많이 일어나면서 소금기가 땅에 쌓여 소금 사막으로 발달한 것입니다.

이 지역의 소금 생산량은 100억 톤 이상으로 볼리비아 국민 전체가 수천 년간 먹을 수 있는 양입니다. 18족 원소를 닮은 형태로 형성된 양이온과 음이온이 만든 위대한 자연의 모습입니다.

나트륨 이온(Na^+)과 염화 이온(Cl^-)으로 만들어진 이온 결합 화합물 이외에도 다양한 이온 결합 화합물을 염이라고 부릅니다. 예를 들어 황산 마그네슘($MgSO_4$)은 엡섬 솔트(epsome salt)라고 부르며, 질산 칼륨(KNO_3)은 초석, 질산 나트륨($NaNO_3$)은 칠레나 페루 지역에서 많이 생산된다고 하여 칠레 초석 또는 페루 초석이라고 부릅니다.

황산 마그네슘은 마그네슘 이온(Mg^{2+})과 황산 이온(SO_4^{2-})이 화학 결합한 이온 결합 화합물이고, 질산 칼륨은 칼륨 이온(K^+)과 질산 이온(NO_3^-)이 화학 결합한 이온 결합 화합물입니다. 질산 나트륨은 나트륨 이온(Na^+)과 질산 이온(NO_3^-)이 화학 결합한 이온 결합 화합물입니다. 질산 칼륨이나 질산 나트륨이 물에 녹아 이온화하여 만들어지는 음이온인 질산 이온에 포함된 질소(N)는 비료와 화약의 주원료입니다.

남아메리카 국가에는 초석과 관련하여 아픈 역사가 있습니다. 초석은 남아메리카 대륙의 칠레, 볼리비아, 페루 등의 흥망성쇠를 초래한, 유명한 이온 결합 화합물입니다. 초석은 동물의 사체나 배설물 등에 박테리아가 작용하여 생긴 암석으로 앞서 이야기한 국가들의 경계 지역에 있는 사막에 집중적으로 매장되어 있습니다.

비료와 화약의 주요 원료이기 때문에 경제적 가치가 매우 높아서, 이를 두고 칠레가 이웃 나라인 볼리비아와 페루를 상대로 남미 태평양 전쟁(일명 초석 전쟁, 1879~1883)을 일으켰습니다.

이 전쟁에서 승리한 칠레와 달리 페루는 폐허가 되었고, 볼리비아는 바다로 나가는 길목을 잃고 내륙 국가로 전락하고 말았습니다. 게다가 전쟁에서 승리한 칠레 역시 오래지 않아 발전을 멈추었지요. 제1차 세계대전 중에 독일의 과학자 프리츠 하버(Fritz Haber)가 암모니아 대량 합성법을 개발하여 비료와 화약을 공업적으로 대량 생산하는 데 성공했기 때문입니다. 초석을 수출할 길이 막히자 칠레는 남미 태평양 전쟁 이후 얻은 화려한 발전을 멈추었고, 침체는 지금까지도 지속되고 있습니다.

다양한 이온으로 만들어진 이온 결합 화합물인 초석 역시 염을 구성하는 요소인 양이온과 음이온이 18족 원소를 닮아 안정한 가운데 형성됩니다.

전자를 공유하는 원자들

반응성이 큰 금속 원소의 양이온과 비금속 원소의 음이온이 화학 반응하면 이온 결합을 형성하면서 안정한 화합물을 만듭니다. 그런데 반응성이 큰 비금속 원소 사이에도 화학 결합이 이루어져 안정한 화합물을 만듭니다. 비금속 원소 사이에 안정한 화학 결합이 만들어지는 까닭은 무엇일까요?

수소 원자는 가장 바깥 전자껍질에 채워진 전자 수가 1인 비금속 원자이며, 산소 원자는 가장 바깥 전자껍질에 채워진 전자 수가 6인 비금속 원자입니다. 수소 원자와 산소 원자는 모두 반응성이 커서 원자 상태로는 자연계에 안정하게 존재하기 어렵습니다.

그러나 수소 원자끼리 반응하여 안정한 수소 분자(H_2)를 형성하거나, 산소 원자끼리 반응하여 안정한 산소 분자(O_2)를 형성하거나, 수소 원자와 산소 원자가 반응하여 안정한 물 분자(H_2O)를 형성할 수 있지요.

이렇게 비금속 원소끼리 반응하여 안정한 물질을 만드는 이유는 18족 원소인 헬륨, 네온, 아르곤 같은 원자들의 전자 배치와 어떤 관계가 있을까요?

가장 바깥 전자껍질에 채워진 전자 수가 1인 수소 원자 2개가 결합하여 수소 분자를 형성할 때, 각 수소 원자가 1개씩 내놓은 전자 2개, 즉 한 쌍의 전자를 공유하여 수소 원자 각각은 가장 바깥 전자껍질에 채워진 전자 수가 2가 됩니다. 따라서 수소 분자 내에서 수소 원자는 가장 바깥 전자껍질에 채워진 전자 수가 18족 원소인 헬륨 원자의 전자 배치와 같아져서 화학적으로 안정한 전자 배치를 형성합니다.

산소 원자도 수소 원자와 같은 방법으로 화학 결합을 합니다. 가장 바깥 전자껍질에 채워진 전자 수가 6인 산소 원자 2개가 서로 반응하여 산소 분자를 형성할 때, 각 산소 원자가 2개씩 내놓은 전자 4개, 즉 두 쌍의 전자를 공유하여 산소 원자 각각은 가장 바깥 전자껍질에 채워진 전자 수가 8이 됩니다. 따라서 산소 분자 내에서 산소 원자는 가장 바깥 전자껍질에 채워진 전자 수가 18족 원소인 네온 원자의 전자 배치와 같아져서 화학적으로 안정한 전자 배치를 형성합니다.

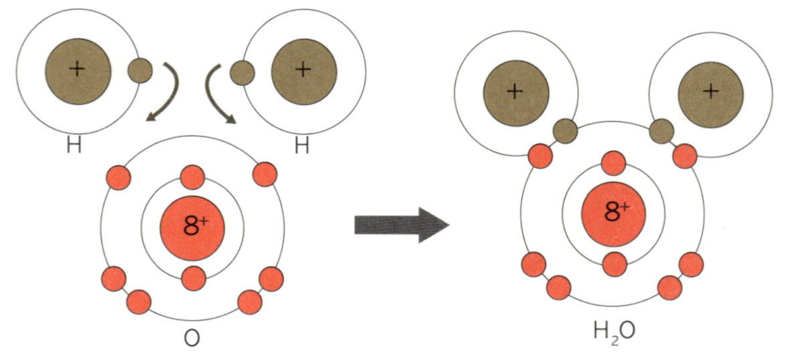

물 분자의 화학 결합

산소 원자와 수소 원자가 반응하여 형성하는 물 분자도 마찬가지입니다. 가장 바깥 전자껍질에 채워진 전자 수가 6인 산소 원자 1개와 가장 바깥 전자껍질에 채워진 전자 수가 1인 수소 원자 2개가 서로 반응하여 물 분자를 형성할 때, 산소 원자가 내놓은 전자 2개와 수소 원자가 내놓은 전자 2개가 두 쌍의 전자를 공유합니다. 산소 원자는 가장 바깥 전자껍질에 채워진 전자 수가 8이 되고, 수소 원자는 가장 바깥 전자껍질에 채워진 전자 수가 2가 됩니다.

따라서 물 분자 내에서 산소 원자는 가장 바깥 전자껍질에 채워진 전자 수가 18족 원소인 네온 원자의 전자 배치와 같아지고, 수소 원자는 가장 바깥 전자껍질에 채워진 전자 수가 18족 원소인 헬륨 원자의 전자 배치와 같아져서 화학적으로 안정한 전자 배치를 형성합니다.

이로써 우리는 상대적으로 불안정한 원자는 안정한 18족 원소의 원자가 가지는 가장 바깥 전자껍질의 전자 수와 같아지기 위해 화학 결합을 한다는 것을 알 수 있습니다.

전자 수를 18족 원소처럼 갖춘다는 것은, 자연계에 존재하는 데 안정성이 확보되는, 일종의 보험과도 같다고 할 수 있지요. 이렇게 산소, 수소 같은 비금속 원자들이 전자를 공유함으로써 형성하는 화학 결합을 '공유 결합'이라고 부릅니다.

이온 결합하는 원소들은 주기율표의 어디에 배열되어 있을까요? 18족 원소의 원자가 가지는 가장 바깥 전자껍질의 전자 수를 닮기 위해서 1족이나 2족에 속하는 금속 원소의 원자가 전자를 잃어 양이온이 되고, 16족이나 17족에 속하는 비금속 원소의 원자가 전자를 얻어 음이온이 되는 경향이 큽니다.

그렇다면 공유 결합하는 원소들은 어떨까요? 금속 원소와 비금속 원소가 결합하는 이온 결합과 달리 공유 결합은 비금속 원소 사이의 화학 결합입니다. 주기율표에서 같은 족에 배열된 비금속 원소 원자끼리도 18족 원소의 원자가 가지는 가장 바깥 전자껍질의 전자 수를 닮기 위해서 전자쌍을 내놓아 공유 결합을 합니다.

5 결합이 다르면 물질의 성질도 달라질까?

금속 원소, 비금속 원소, 이온 결합, 공유 결합

하얀색 소금과 설탕을 곱게 빻은 뒤 맛을 보지 않고 구별할 수 있을까요? 만약 그럴 수 있다면 눈이 현미경만큼이나 정교하다는 뜻일 테고, 그런 눈으로 바라보는 세상 풍경은 다른 사람들이 보는 것과 달라 무척 생활하기 힘들 것입니다.

한편 설탕과 소금을 구별하지 못한 채 설탕이 필요한 음식에 소금을 넣거나, 소금이 필요한 음식에 설탕을 넣으면 어떨지 상상해 보세요. 설탕과 소금을 각각 곱게 빻은 가루는 둘 다 하얀색으로 비슷하게 보이지만, 다른 종류의 화학 결합으로 생성된 물질입니다.

화학 결합의 종류가 다르면 물질의 성질은 어떻게 달라질까요? 설탕과 염화 나트륨을 각각 물에 녹이면 둘 다 잘 녹고, 설탕 수용액과 염화 나트륨 수용액의 색은 둘 다 무색투명하여 눈으로 구별하기 어렵습니다. 그런데 만약 설탕 수용액과 염화 나트륨 수용액에 전류를 흘려주면 어떤 일이 일어날까요? 이번 장에서는 화학 결합의 종류에 따라 물질의 화학적 성질이 어떻게 달라지는지 살펴봅시다.

화학 결합과 물질의 성질

설탕과 염화 나트륨은 둘 다 고체 상태에서 전기 전도성이 없지만, 용융시켜 액체 상태로 만들면 달라집니다. 설탕은 여전히 전기 전도성이 없으나, 염화 나트륨은 전기 전도성이 생기지요. 염화 나트륨을 액체 상태로 만든 후 전기 전도도 측정기를 대면 측정기에 불이 들어오거나 소리가 나면서 전류가 흐르고 있음을 알려줍니다.

액체 염화 나트륨에 전류가 흐르는 까닭은 무엇일까요? 그것은 전기 전도도 측정기에서 전류가 흐를 수 있도록 돕는 물질이 액체 상태에 존재하기 때문입니다. 전류가 흐를 수 있도록 돕는 물질은 바로 이온입니다. 염화 나트륨이 설탕과 달리 수용액에서 전류가 흐를 수 있는 까닭은 바로 수용액 속에 녹아 있는 이온 때문입니다.

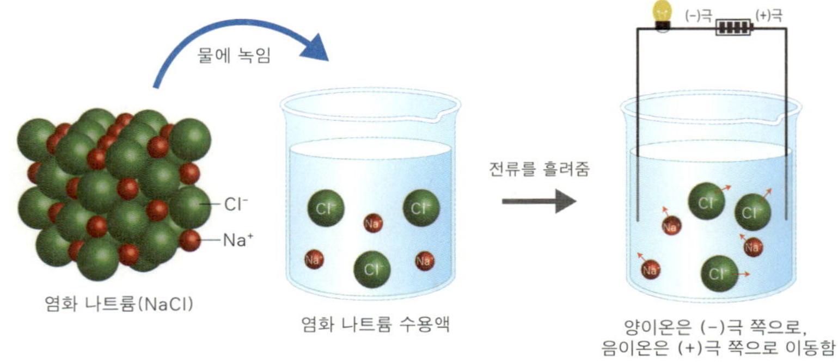

염화 나트륨 수용액에서 전류가 흐르는 이유

고체 염화 나트륨은 액체나 수용액 상태에서 다음과 같이 이온화합니다.

$$NaCl \rightarrow Na^+ + Cl^-$$

염화 나트륨이 고체 상태일 때는 나트륨 이온(Na^+)과 염화 이온(Cl^-)이 강하게 결합하여 단단한 결정을 만들지만, 액체나 수용액 상태에서는 양이온과 음이온으로 이온이 분리되어 용융액이나 수용액 속에서 자유롭게 움직입니다. 이때 외부에서 전원 공급 장치를 연결하여 전류를 흘려주면 나트륨 이온은 (−)극 쪽으로, 염화 이온은 (+)극 쪽으로 이동하여 전류가 흐르지요.

고체 상태에서는 전류를 흘려도 흐르지 않습니다. 만약 고체 염화 나트륨 표면에 전기 전도도 측정기를 연결한 후 전원 공급 장치를 연결하여 전류를 흘렸더니 전류가 흐른다면, 그것은 아마도 수증기나 열에 의해 표면의 일부가 녹아서 이온이 자유롭게 움직일 수 있는 환경이 만들어졌기 때문일 것입니다.

그렇다면 염화 나트륨 이외의 다른 이온 결합 화합물도 액체나 수용액 상태에서 전류가 흐를까요? 탄산 칼슘($CaCO_3$)을 공기가 차단된 상태에서 가열했을 때 이산화 탄소(CO_2)와 함께 얻을 수 있는 산화 칼슘(CaO)도 이온 결합 화합물입니다. 산화 칼슘은 생석회라고도 부르며 산성비와 화학 비료 등으로 산성화된 논이나 밭을 중화하는 데 주로 이용합니다.

고체 산화 칼슘은 액체나 수용액 상태에서 다음과 같이 이온화합니다.

$$CaO \rightarrow Ca^{2+} + O^{2-}$$

산화 칼슘은 고체 상태일 때는 칼슘 이온(Ca^{2+})과 산화 이온(O^{2-})이 강하게 결합하여 단단한 결정을 만들지만, 액체나 수용액 상태에서는 양이온과 음이온으로 이온이 분리되어 용융액이나 수용액 속에서 자유롭게 움직입니다. 이때 외부에서 전원 공급 장치를 연결하여 전류를 흘려주면 칼슘 이온은 (-)극 쪽으로, 산화 이온은 (+)극 쪽으로 이동하여 전류가 흐릅니다. 그러나 고체 상태에서는 전원 공급 장치를 연결해도 전류가 흐르지 않습니다.

이와 같이 염화 나트륨이나 산화 칼슘 등의 이온 결합 화합물은 고체일 때에는 전기 전도성이 없지만, 액체나 수용액 상태일 때에는 전기 전도성이 있습니다. 여기에서 중요한 것은 이온 결합 화합물은 고체 상태에서 액체 상태나 수용액 상태로 변하면서 이온을 생성하는 것이 아니라, 이미 양이온과 음이온이 이온 결합하여 고체 상태를 만들고 그 고체 결정이 녹으면서 이온들이 분리된다는 사실입니다.

즉, 이온 결합 화합물의 고체는 양이온과 음이온이라는 입자가 이온 결합하고 있는 화합물이라는 것이지요.

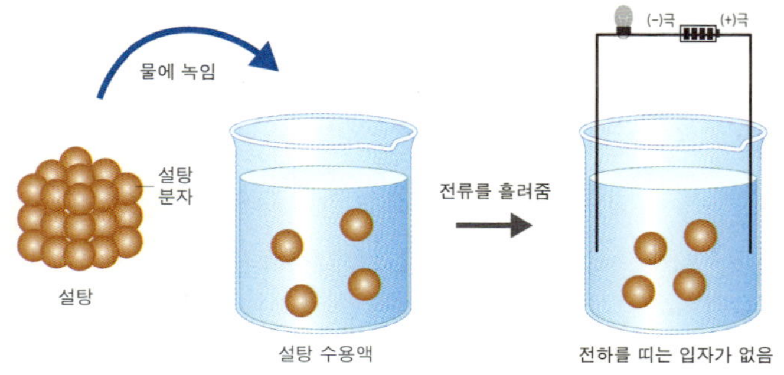

설탕 수용액에 전류가 흐르지 못하는 이유

이온 결합 화합물은 분자가 아니다

염화 나트륨 같은 이온 결합 화합물은 나트륨 이온과 염화 이온이 결합하여 한 쌍으로 존재하는 것이 아니라, 양이온과 음이온이 삼차원적으로 서로를 둘러싸며 배열되어 있어서 분자라는 말을 쓸 수 없다. 이온 결합 화합물의 화학식은 이온의 결합 비율을 가장 간단한 정수 비로 나타낸다.

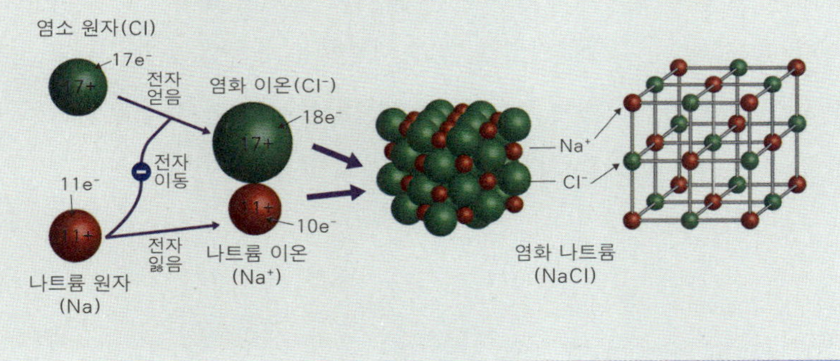

염화 나트륨이 액체나 수용액 상태에서 전류를 흐르게 하는 반면 설탕은 액체나 수용액 상태에서도 전류가 흐르지 못합니다. 그 까닭은 무엇일까요?

설탕($C_{12}H_{22}O_{11}$) 분자는 탄소와 수소, 그리고 산소로 구성되어 있습니다. 설탕을 구성하는 원자는 모두 비금속 원소지요. 비금속 원소인 탄소, 수소, 산소 원자들은 서로 공유 결합하여 설탕 분자를 형성하고 있습니다. 고체 염화 나트륨처럼 전기가 통할 수 있도록 돕는 이온 형태로 결합한 것이 아니라는 뜻입니다.

고체 염화 나트륨처럼 양이온과 음이온이 결합하고 있어야 액체나 수용액 상태에서 이온 결합이 끊어지면서 양이온과 음이온이 자유롭게 움직일 수 있는데, 설탕은 이온이 없으므로 전류가 흐르지 못하는 것입니다. 공유 결합 화합물인 설탕은 이온 결합 화합물인 염화 나트륨이나 산화 칼슘과 화학 결합의 종류가 다르기 때문에 전기적 성질도 다르다는 것을 이제 알겠지요?

화학 결합의 종류가 달라서 전기적 성질이 다르게 나타나지만 공유 결합과 이온 결합에는 공통점도 있습니다. 그것은 바로 화학 결합을 할 때 18족 원소를 닮는다는 것입니다. 18족 원소의 원자가 갖는 안정한 전자 배치를 닮기 위해서 전자를 잃거나 얻은 이온들이 결합하기도 하고, 전자를 공유하면서 결합하기도 합니다. 이렇게 전자들이 화학 결합을 통해 안정한 상태를 추구하는 모습을 우리 생활에서 어떤 현상과 비교할 수 있을지 생각해 봅시다.

일상생활 속의 이온 결합 화합물

자연계에는 다양한 이온 결합 화합물이 존재합니다. 그중에서 가장 친숙한 물질을 꼽으라면 대부분 염화 나트륨이 주성분인 소금을 말할 것입니다. 책을 읽고 있는 지금도 소금이 주변에 있을 테니 한번 찾아보세요.

적당량의 소금은 음식의 맛을 조절할 뿐 아니라, 우리 몸속 전해질의 농도를 맞추는 역할도 합니다. 바닷물에는 수많은 이온 결합 물질이 녹아 있습니다. 염화 나트륨과 염화 마그네슘을 주성분으로 많은 이온 결합 화합물이 물속에서 이온으로 존재하지요. 그런데 왜 바닷물에는 소금의 주성분인 염화 나트륨이 많이 녹아 있을까요?

잠깐 옛날이야기를 해볼까요. 어느 옛날 궁궐에 사람들이 말만 하면 그대로 물건이나 물질을 만들어내는 신기한 맷돌이 있었습니다. 그런데 이

맷돌 소문을 들은 도둑이 맷돌을 훔쳐서 배에 싣고 바다로 도망을 갔습니다. 도둑은 그 당시 화폐처럼 사용할 수 있었던 소금을 생각해 내고, 배위에서 소금을 만드는 주문을 외웁니다. 맷돌은 소금을 끝없이 만들어냈습니다. 욕심 많은 도둑은 기분이 좋아서 소금을 만들고 있는 맷돌을 바라만 보고 있는데, 소금 무게를 견디지 못한 배가 그만 바닷속으로 가라앉았습니다.

도둑은 소금에 눈이 멀어 소금 만들기를 멈추게 하는 주문을 잊어버렸다고 합니다. 도둑이 빠트린 바닷속 맷돌에서 지금도 소금이 나온다는 이야기가 전해지지요. 아직도 바닷물의 짠맛이 크게 변하지 않은 것을 보면, 당시 바다에 빠진 맷돌이 인공지능이 탑재된 스마트 맷돌이었는지도 모르겠습니다.

바닷물에 염화 나트륨이 많이 녹아 있는 진짜 까닭은 해저에 깔려 있는 암석으로부터 이온 결합 화합물이 물에 용해되기 때문입니다. 지구가 탄생한 이후 육지에 있던 암석이 침식과 동결 작용 등 풍화 작용으로 부서지면서, 암석에 포함된 여러 가지 물질이 바다로 녹아 들어갔습니다. 이렇게 바다로 유입된 물질 중 가장 큰 비중을 차지하는 것이 나트륨 이온(Na^+)입니다.

나트륨 이온은 암석을 구성하는 양이온 중 가장 많은 양을 차지하면서 염화 나트륨을 구성하는 주요 성분입니다. 나트륨 이온과 함께 소금을 구성하는 주요 성분인 염화 이온(Cl^-)은 지구 내부에서 배출된 화산 가스가 빗물 등 지표수에 녹아 바다로 공급될 때 만들어졌습니다. 바닷속에서 나트륨 이온과 염화 이온은 이온 상태로 물 분자와 함께 존재하기 때문에 바다 밑으로 가라앉지 않고 바닷물에 잘 섞여 있습니다.

이 외에 일상생활에 이용되는 이온 결합 화합물에는 염화 칼슘($CaCl_2$)이 있습니다. 겨울철 눈이 내린 도로에 뿌리는 제설제의 주성분이지요. 도로에 눈이 쌓여 얼어붙으면 교통사고를 유발하거나 원활한 교통에 방해가 되는데, 제설제를 이용하면 눈이 잘 얼지 않습니다. 그러나 제설제의 주성분인 염화 칼슘의 칼슘 이온(Ca^{2+})은 자동차 금속을 쉽게 부식시키고, 염화 이온(Cl^-)은 식물의 뿌리로 흡수되었을 때 생장을 방해하는 등 환경 문제를 일으킵니다.

그래서 최근에는 친환경 물질을 주원료로 염화 칼슘을 대체할 수 있는 새로운 제설제를 개발하기 위해 연구하고 있습니다. 바나나 껍질이나 귤껍질 같은 과일 껍질이나 바다 생물을 활용한 친환경 제설제를 찾고 있지요.

물질세계와 소통하는 공유 결합 화합물

공유 결합을 통해 생성된 화합물은 자연계에서 흔히 볼 수 있습니다. 우리가 사는 지구의 공기는 주로 공유 결합 물질인 산소(O_2), 질소(N_2)로 구성되어 있습니다. 바다를 구성하는 주요 물질이자 우리 몸의 질량 대부분을 차지하는 공유 결합 화합물은 바로 물(H_2O)입니다. 우리 생명을 유지하는 데 중요한 단백질 역시 공유 결합을 통해 형성된 화합물입니다.

이렇게 수많은 공유 결합 화합물은 우리가 살고 있는 지구 환경 시스템의 중요 구성 물질이며, 생명을 유지하는 데 매우 큰 공헌을 합니다.

그렇다면 왜 자연계에는 물이나 공기를 구성하는 산소, 그리고 생명 활동에 필수적인 단백질 같은 공유 결합 화합물이 많을까요?

공유 결합 화합물을 구성하는 성분 원소들은 주기율표의 중앙에 있는 비금속 원소들입니다. 비금속 원소들은 공유 결합을 하기 위해 다른 비금속 원소를 필요로 합니다. 그 까닭은 앞에서도 언급했듯이 18족 원소의 원자가 갖는 가장 바깥 전자껍질의 전자 수를 닮기 위해서입니다. 2주기 18족 원소인 네온(Ne)이나 3주기 18족 원소인 아르곤(Ar) 원자의 가장 바깥 전자껍질의 전자 수인 8을 닮기 위해서 비금속 원소의 원자들은 서로 공유 결합을 합니다.

가장 바깥 전자껍질의 전자 수가 8이 되도록 하는 것을 옥텟(octet)이라고 하며, 이를 따르는 것을 '옥텟 규칙[11]을 만족한다'라고도 합니다.

주기율표에서 염소(Cl)는 원자 번호가 17이므로 중성일 때 원자핵 주변에 17개의 전자가 배치됩니다. 첫 번째와 두 번째 전자껍질에는 전자가 각각 2개, 8개 모두 채워져 있지만, 세 번째 전자껍질에는 8에서 1이 부족한 7개만 들어 있습니다. 이때 2개의 염소 원자가 공유 결합하여 가장 바깥 전자껍질에 들어 있는 1개의 전자를 내놓아 공유하면 2개의 염소 원자의 원자핵은 각각 옥텟을 만족하는 8개의 전자를 가장 바깥 전자껍질에 가지면서 다음 그림처럼 안정한 염소 분자(Cl_2)를 형성합니다.

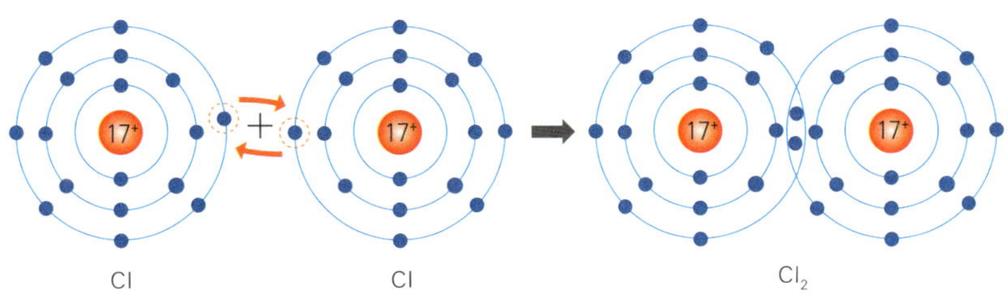

염소 원자가 공유 결합해서 형성한 염소 분자

---

[11] 공유 결합을 통해 분자를 이룰 때, 분자를 구성하는 각각의 원자는 자신의 가장 바깥 전자껍질에 전자가 8개일 때 가장 안정된 상태가 된다. 이를 옥텟 규칙이라고 한다.

수소(H)도 마찬가지입니다. 첫 번째 전자껍질을 2개의 전자로 채우기 위해 공유 결합할 수 있는 다른 원자의 전자 1개를 찾아야 합니다. 수소는 다른 원자와 달리 첫 번째 전자껍질에 전자 2개만 공유하면 안정한 물질이 될 수 있는데, 이는 지구상의 생명체에게 매우 다행스러운 일이 아닐 수 없습니다. 덕분에 생명에 필수적인 물을 쉽게 만들 수 있기 때문이지요.

물은 수소 원자와 산소 원자가 공유 결합하여 만들어집니다. 수소 원자 2개가 각각 가지고 있는 전자는 산소 원자의 가장 바깥 전자껍질에 들어 있는 전자를 서로 공유 결합하면서 물이라는 유용한 물질이 지구에 탄생할 수 있도록 합니다.

물은 분자 사이의 수소 결합으로 열용량이 큰 물질이어서 지구 환경에 큰 영향을 줍니다. 열용량이란 어떤 물질 전체의 온도를 1℃ 올리는 데 필요한 열량을 말하지요. 지구에서 많은 질량을 차지하는 바닷물은 물 분자 사이의 결합인 수소 결합 때문에 온도를 올리는 데 열에너지가 많이 필요합니다. 그래서 바닷물의 온도가 쉽게 올라가지 않습니다. 열용량이 큰 바닷물은 낮에 태양으로부터 얻은 열에너지를 저장했다가 밤에 방출하여 지구의 온도를 일정하게 유지시키는 역할을 합니다.

지구뿐만 아니라 우리 몸도 대부분 물로 구성되어 있어서 외부의 온도 변화에도 쉽게 체온이 변하지 않지요.

물의 열용량이 크다는 사실을 이용한 일상생활의 사례로는 어떤 것이 있을까요? 가정에서 사용하는 보일러는 방바닥에 깔려 있는 파이프를 통해 뜨거운 물을 흘려보냄으로써 난방을 도와줍니다. 보일러에서 공급한 열이 파이프 속의 물에 저장되고, 열용량이 큰 물이 파이프 속에서 순환하는 동안 온도를 유지하기 때문에 그 열이 방 전체에 전달되면서 방이

수소 결합은 무엇일까?

주기율표의 오른쪽에 배열된 비금속 원소 중 플루오린(F), 산소(O), 질소(N) 원자가 분자 내에서 수소(H) 원자와 공유 결합할 때 공유 전자쌍을 잡아당겨 플루오린, 산소, 질소 원자의 원자핵이 상대적으로 약한 (–)전하를 띠고, 수소 원자는 상대적으로 약한 (+)전하를 띤다. 이때 플루오린, 산소, 질소 원자가 분자 내에서 수소 원자와 공유 결합한 분자 사이에 강한 결합이 생기는데 이를 수소 결합이라고 부른다.

결국 수소 결합이란 플루오린, 산소, 질소처럼 원자의 크기가 작지만 비금속 성질이 큰 원소들이 수소와 공유 결합하면서 분자 내에 약한 (–)전하와 약한 (+)전하가 생겼을 때 이들 분자 사이에 생기는 강한 인력을 말한다.

따끈따끈해지는 것입니다.

물 분자를 구성하는 산소 원자 1개는 수소 원자 2개와 각각 1개의 전자쌍을 공유 결합하는데 이와 같은 공유 결합을 단일 결합이라고 합니다. 이산화 탄소(CO_2)의 경우 중심 원자인 탄소 원자(C) 1개는 산소 원자(O) 2개와 각각 2개의 전자쌍을 공유 결합하는데 이와 같은 공유 결합을 '2중 결합'이라고 합니다.

탄소 원자는 가장 바깥 전자껍질에 4개의 전자를 가지고 있으므로 18족 원소인 네온의 가장 바깥 전자껍질의 전자 수인 8을 만족하기 위해서 2개의 산소 원자와 각각 2쌍의 전자를 공유 결합합니다. 탄소 원자와 산소 원자가 2중 결합으로 공유 결합하여 안정한 물질인 이산화 탄소를 만드는 과정은 탄소 원자와 산소 원자 모두 옥텟 규칙을 만족하는 것입니다.

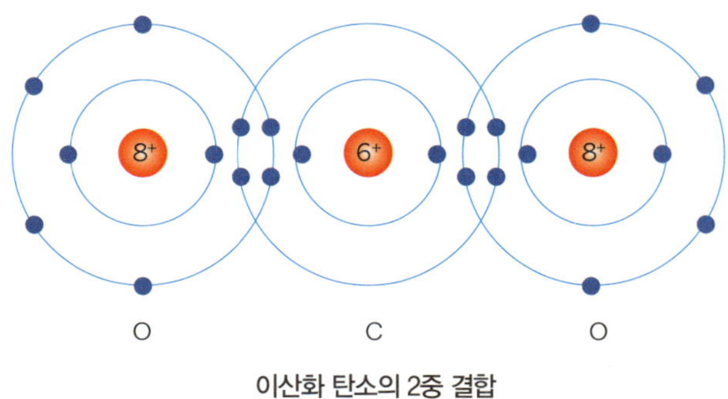

이산화 탄소의 2중 결합

공기 중에 가장 많은 양을 차지하는 성분인 질소 분자(N_2)는 질소 원자끼리 3개의 전자쌍을 공유 결합하는데 이러한 공유 결합을 3중 결합이라고 합니다. 질소 원자는 가장 바깥 전자껍질에 전자 5개를 가지고 있으므로 18족 원소인 네온의 가장 바깥 전자껍질의 전자 수인 8을 만족하기 위해서 질소 원자끼리 3쌍의 전자를 공유 결합합니다.

질소 원자끼리 3중 결합으로 공유 결합하여 안정한 물질인 질소 분자를 만드는 것 역시 질소 원자가 옥텟 규칙을 만족하는 행동입니다. 용접에 사용하는 에타인(C_2H_2)도 탄소 원자끼리 3개의 전자쌍을 공유 결합하는 3중 결합을 형성합니다.

이처럼 비금속 원소의 원자들이 공유 결합하여 만드는 다양한 공유 결합 화합물은 단일 결합, 2중 결합, 3중 결합과 같은 형태로 안정된 모습으로 물질세계와 소통하고 있습니다.

탄소와 산소는 2중 결합이나 3중 결합 형태를 이용하여 일산화 탄소(CO)와 이산화 탄소(CO_2)로 물질세계와 소통하고, 질소와 산소는 단일 결합이나 2중 결합 형태를 이용하여 이산화 질소(NO_2)와 사산화 이질소(N_2O_4) 및 오산화 이질소(N_2O_5) 등 다양한 질소 산화물로 물질세계에서

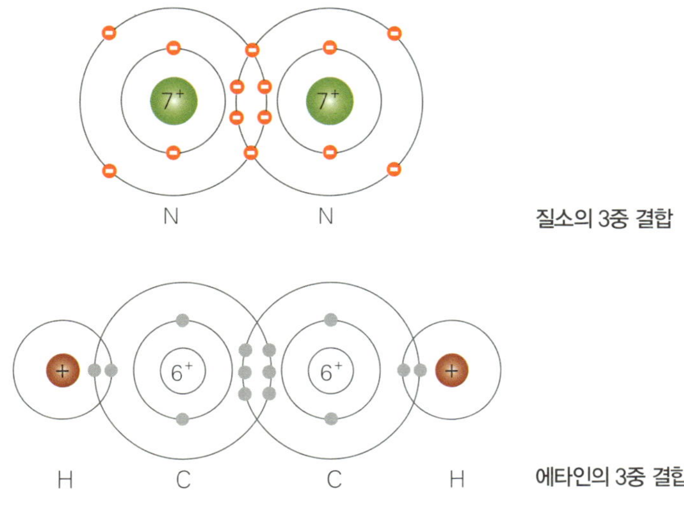

살아가고 있지요.

만일 자연계에 공유 결합이라는 것이 없다면 어떻게 되었을까요? 사람 체중의 60% 이상을 차지하는 물은 물론 근육과 효소를 만드는 단백질, 에너지를 저장하는 탄수화물과 지방, 유전 정보를 저장하는 핵산은 모두 하나하나의 원자로 흩어져서 물질세계와 소통하지 못했을지도 모릅니다.

우리 몸은 약 10^{28}개 정도의 원자로 구성되어 있습니다. 이렇게 어마어마한 수의 원자가 공유 결합하지 않고 각각 원자 상태로 존재한다면, 기체가 확산되듯이 매우 짧은 시간에 우리 몸 구석구석으로 퍼져나갈 것입니다.

우리 몸에 들어 있는 원자 수는 우주 전체에 존재하는 별의 개수의 약 100만 배 이상입니다. 10^{28}개 정도나 되는 원자들이 서로 전자를 공유하면서 우리 몸을 유지한다는 것은 상당히 신비로운 일이 아닌가요?

이온 결합 화합물과 공유 결합 화합물의 성질을 비교하는 실험하기

이 탐구 활동에서는 이온 결합 화합물과 공유 결합 화합물이 고체 상태일 때와 수용액 상태일 때의 전기 전도성 유무를 알아보는 실험을 진행한다. 액체 상태일 때는 왜 알아보지 않을까? 대부분의 이온 결합 화합물은 녹는점이 매우 높다. 염화 나트륨의 녹는점은 약 801℃로, 학교 실험실에서 직접 버너를 이용하여 가열하거나 전기 장치로 가열하면 화상의 위험이 있어 실험을 진행하기가 어렵다.

아래의 그림처럼 용기에 염화 나트륨 고체를 넣고 전선을 이용해 전구와 연결한다. 서서히 고체 염화 나트륨이 들어 있는 용기를 가열하면 염화 나트륨이 녹으면서 전구에 불이 들어온다.

이온 결합 화합물은 주로 염화 나트륨이나 염화 칼슘, 황산 구리(Ⅱ) 등을 사용하며, 공유 결합 화합물은 설탕이나 포도당 등을 사용한다.

염화 나트륨 용융액의 전기 전도성 실험

전기 전도성이 있다는 것은 전류가 흐른다는 뜻이다. 도선을 따라 전자가 이동하거나, 수용액 속에서 이온이 이동하며 전류가 흐르는 것이다. 이온 결합 화합물은 고체 상태에서는 양이온과 음이온이 단단한 이온 결합으로 고정되어 있어 이온이 자유롭게 이동할 수 없기에 전류가 흐르지 않는다. 하지만 액체 상태나 수용액 상태에서는 이온 결합이 끊어져 양이온과 음이온이 자유롭게 움직일 수 있으므로, 외부 전원 장치를 연결하면 양이온은 (−)극으로, 음이온은 (+)극으로 이동하면서 전류가 흐르게 된다.

공유 결합 화합물은 고체, 액체, 수용액 상태에서 전류가 흐르지 않는다. 전하를 띠지 않은 중성 분자로 구성되어 있어, 이 안에서는 전자의 흐름이나 이온의 이동이 일어나지 않기 때문이다. 단, 예외로 흑연은 고체 상태에서 전기 전도성이 있다. '흑연이 전기 전도성이 있다'는 것은 흑연 내부에 전자의 흐름이 존재한다는 뜻이다. 그렇다면 어떻게 비금속 물질인 흑연에 전자가 흐를 수 있을까? 그 해답은 흑연을 구성하는 탄소 원자 사이의 결합 구조에 있다.

흑연은 탄소 원자 사이의 공유 결합으로 형성되어 있는데, 흑연을 구성하는 탄소 원자의 가장 바깥 전자껍질에는 4개의 전자가 배치되어 있다. 이들 4개의 전자 중 3개가 이웃한 탄소 원자의 가장 바깥 전자껍질에 존재하는 전자와 공유 결합하고, 나머지 1개는 공유 결합하지 않고 독자적으로 존재한다. 이때 흑연 외부에서 전류를 흘려주면 흑연을 구성하는 탄소 원자마다 혼자 존재하는 전자가 흑연 내부에 전하 흐름을 만들어 흑연이 전기 전도성을 띠게 된다. 이처럼 실험을 통해 이온 결합이나 공유 결합 등 화학 결합의 종류에 따라 물질의 성질이 달라지는 현상을 직접 확인해 볼 수 있다.

자연은 어떤 물질로 이루어져 있을까?

지각을 이루는 광물, 생명체를 이루는 탄소 화합물

생명체를 구성하는 물질은 어떤 규칙성을 가질까?

인간은 자연이 준 재료를 어떻게 이용해 왔을까?

1 지각을 이루는 광물, 생명체를 이루는 탄소 화합물

지각, 암석, 광물, 규산염 광물, 생명체, 탄소 화합물

눈 결정을 닮은 다음 도형은 언뜻 보기에는 매우 복잡해 보입니다. 그렇지만 이 도형은 아주 간단한 규칙에 따라 삼각형을 반복적으로 그리면 쉽게 그릴 수 있습니다. 아래 그림과 같은 과정을 반복하면 복잡해 보이는 그림도 순차적으로 완성할 수 있지요.

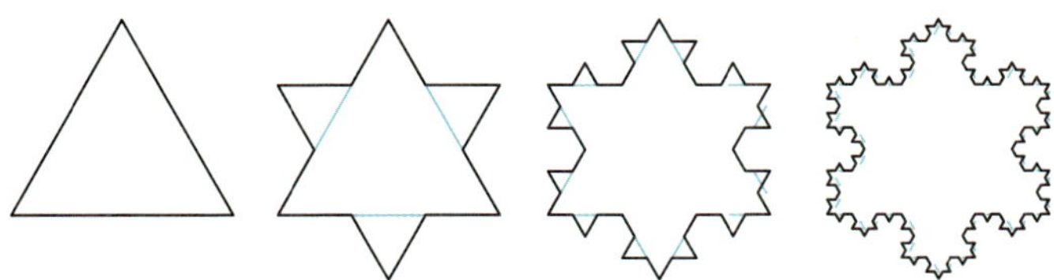

정삼각형의 변을 3등분하여 가운데 변을 기준으로 정삼각형을 그리고 기준으로 삼았던 변은 지운다.

자연도 이처럼 어떤 규칙에 따라 이루어지지 않았을까요? 이번 장에서

는 지구에서 가장 중요한 존재라고 할 수 있는 생명체와 생명체의 터전인 지각의 규칙성에 대해 알아보도록 하겠습니다.

지구에 존재하는 암석과 광물

지구는 지각, 맨틀, 외핵, 내핵으로 구성되어 있습니다. 지구가 생성 초기에 미행성체 충돌과 방사성 원소의 붕괴열 등으로 온도가 높아져 마그마의 바다 상태를 겪었다는 것은 앞에서도 다루었습니다.

이후 지구가 서서히 식어가는 과정에서 철(Fe), 니켈(Ni) 등 밀도가 큰 물질은 지구 중심으로 가라앉았고 이것이 지구의 핵을 형성했습니다. 그리고 나머지는 맨틀을 구성했고, 맨틀이 식어 가장 바깥에 지각이 만들어졌습니다. 따라서 지각을 이루는 물질의 밀도는 작을 것으로 예측할 수 있습니다.

최초의 지각은 마그마가 식어 만들어진 화성암이었습니다. 이후 지구에서는 복잡한 지질학적 과정을 거치며 다양한 암석이 등장했습니다. 이 모든 암석을 이루는 기본 단위는 광물(Mineral)[12]입니다. 암석은 어떤 광물이 어떤 비율로 섞여 있느냐에 따라 종류가 다릅니다. 화강암[13]에는 석영, 장석, 운모가 풍부하고 현무암에는 감람석, 휘석, 각섬석이 풍부한 것처럼 말입니다.

이처럼 지구에 존재하는 암석의 종류는 매우 다양하고 광물 또한 마찬

---

12 자연적으로 산출되는 무기물이며 규칙적인 결정 구조와 화학적 구성을 가지는 고체를 말한다.

13 화강암도 광물의 포함 비율에 따라 화강암, 흑운모 화강암, 화강 섬록암 등으로 나뉜다.

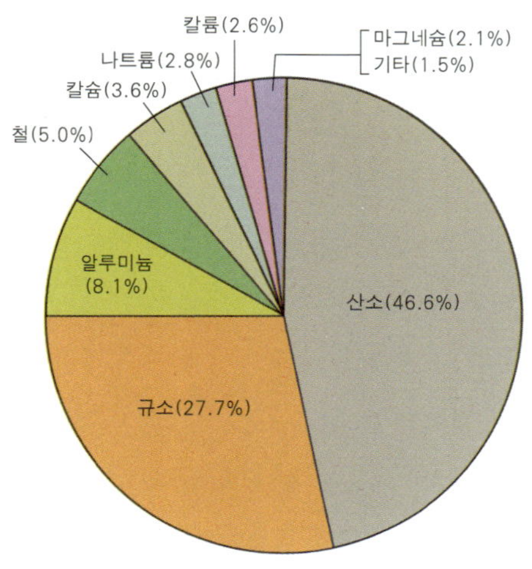

지각을 이루는 주요 원소들의 비율

가지지만 대부분의 암석은 몇 가지 광물로 이루어져 있습니다. 이런 광물을 암석을 만드는 광물이라는 의미로 조암 광물이라고 합니다.

조암 광물에는 규소와 산소가 결합한 규산염 광물(감람석, 휘석, 각섬석, 흑운모, 장석, 석영 등), 탄소와 산소가 결합한 탄산염 광물(방해석 등), 황과 산소가 결합한 황산염 광물(석고 등), 황이 결합한 황산염 광물(황철석 등), 산소와 결합한 산화 광물(자철석, 적철석 등), 원소 광물(금, 은, 구리 등) 등이 있습니다.

이렇게 다양한 광물들이 존재하지만 암석의 90% 이상은 규산염 광물로 이루어져 있습니다. 여러 가지 이유가 있지만, 지각을 이루는 원소의 비율을 보면 어느 정도 힌트를 얻을 수 있습니다. 지구 전체에는 산소와 철이 많은데, 지각에는 철보다는 규소나 알루미늄 같은 가벼운 원소들이 많고, 비율로는 규소, 산소가 절대적으로 많습니다. 따라서 규소와 산소가 결합한 규산염 광물이 지각에서 가장 높은 비율을 차지하지요.

어떤 광물이 보석이 될까?

보석이 되기 위해서는 우선 아름다워야 하고, 희소성이 있어서 아무나 가질 수 없어야 하며, 충격이나 긁힘에 강해야 한다. 또한 여러 사람들로부터 오랜 시간 동안 가치를 인정받아야 하는 조건을 갖추어야 한다.

보석의 색은 미량의 불순물이 결정한다. 수정은 무색이지만 불순물이 들어가 보라색을 띠면 자수정이 된다.

흔히 탄생석은 사람이 태어난 달과 관련지어 몸에 지니고 다니면 행운이 따른다고 여기는 보석 광물을 말한다. 탄생석은 오랫동안 초자연적인 힘이 있다고 여겨져 왔지만 과학적으로는 특별한 의미가 없다. 게다가 나라나 문화권에 따라서 탄생석을 다르게 정의하며, 요일이나 황도 12궁에 따라 탄생석을 정하기도 한다.

적지만 요긴하다, 희토류 광물

희토류 원소(稀土類元素, rare earth elements)의 뜻을 글자 그대로 옮기면 지구에 드문 원소라는 의미입니다. 엄밀하게는 스칸듐(Sc)과 이트륨(Y), 그리고 원소 번호 57~71의 란타넘(La)족 15개 원소를 포함하는 17종의 원소[14]를 말합니다(51쪽 〈표준 주기율표〉 참조). 이들 원소는 화학적 성질이 유사하고 특정 광물 속에서 대부분 함께 산출된다는 특징이 있습니다.

그런데 사실 희토류는 이름과 달리 지각에 제법 풍부하게 분포합니다.

---

[14] 17종 외에 란타넘족 아래에 있는 악티늄(Ac)족 원소를 포함하기도 한다.

심지어 세륨(Ce)은 구리와 양이 비슷할 정도지요. 그러나 농축된 광물 형태가 아니어서 채굴에 상당한 비용이 들어가 경제성은 떨어집니다. 그래서 광물 형태로는 희귀한 원소이므로 희토류라는 이름이 붙었다고 보면 됩니다.

희토류를 고농도로 포함한 광물을 처음으로 발견한 시기는 가돌리늄(Gd)을 상당량 포함한 가돌리나이트가 스웨덴의 위테르뷔(Ytterby) 지방에서 발견되면서부터입니다.

1950년대 이전 희토류의 주요 생산국은 인도와 브라질이었습니다. 그러다 1950년대 남아프리카공화국이 새로운 희토류 생산국으로 떠올랐으며, 1960년대 중반부터는 미국 캘리포니아의 마운틴패스 광산이 주요 산지가 되었습니다. 그러나 2000년대 들어서는 대부분의 희토류가 중국에서 생산되며, 세계 희토류의 90% 이상을 중국이 공급하고 있습니다.

희토류는 독특한 화학적·전기적·자성적·발광적 특징을 가지고 있는 데다 탁월한 방사선 차폐 효과가 있습니다. 그래서 이렇게 관심을 받고 있는 원소가 되었지요. 광섬유 제작에 사용하는 가돌리늄이나 어븀(Er)은 미량만 첨가해도 빛의 손실이 일반 광섬유의 1%까지 낮아진다니 대단하지요. 터븀(Tb) 합금은 열을 가하면 자성을 잃고 냉각시키면 자성을 회복합니다. 이런 특성을 이용해 정보를 입력·기록할 수 있는 음악용 디스크나 광자기 디스크를 만드는 데 이용합니다.

이 밖에도 휴대전화, 하이브리드 자동차, 고화질 TV, 태양광 발전, 항공우주산업 등 첨단 산업에서는 희토류가 쓰이지 않는 곳을 찾기가 어려울 정도입니다. 한때 중국과 일본이 외교 갈등을 겪을 때, 중국이 희토류 판매를 중단하겠다고 협박을 하자 일본이 무릎을 꿇었던 적이 있었지요.

그러나 다른 광물이 그렇듯이 희토류를 채굴·정제·재활용하는 과정에

우리 주변에서 흔한 희토류 물질, 네오디뮴

1885년 발견된 네오디뮴(Nd)은 은색의 무른 금속이지만, 공기 중에서 산화하여 표면 광택이 사라진다. 자연에서는 순수한 형태로는 발견되지 않고 다른 희토류와 같이 란타넘족 원소들과 뒤섞인 채로 발견된다. 지각 속에 코발트, 니켈, 구리와 비슷한 정도로 상당한 양이 분포된 것으로 알려져 있으며 대부분이 중국에서 생산된다.

네오디뮴 화합물은 1927년에 유리 염색에 사용하기 시작하여 현재까지도 유리 첨가제로 사용하고 있다. 네오디뮴 화합물은 자주색을 띠지만 형광등이나 백열등처럼 비추는 빛의 종류가 달라지면 푸른색이나 핑크색으로 변한다. 네오디뮴이 첨가된 일부 유리는 1047~1064nm 사이의 파장을 갖는 적외선 레이저를 만드는 데 사용하기도 한다.

또한 네오디뮴은 다른 금속과의 합금 형태로 강력한 자성을 나타내는 네오디뮴 자석을 만드는 데 사용하기도 한다. 대형 네오디뮴 자석은 강력한 힘이 필요한 전동기나 발전기 등에 쓰인다.

소형 네오디뮴 자석은 마이크, 이어폰, 컴퓨터 하드디스크, 차량용 휴대전화 거치대 등 작은 공간에서 강한 자기장이 필요한 경우에 쓰이며, 체스형 자석 홀더나 보드용 자석 등에서도 쉽게 볼 수 있다.

서는 심각한 환경오염이 발생할 수도 있습니다. 특히 희토류가 포함된 광물에는 방사성 물질인 토륨이나 우라늄이 포함되어 있어 채굴 과정에서 문제가 되기도 합니다. 정제하는 과정에 독성 산성 물질이 사용되는 것 또한 문제입니다. 이에 중국은 2010년 자연과 자원을 보호하기 위해 불법 광산을 집중 단속하겠다고 발표하기도 했습니다.

지각을 구성하는 규산염 광물의 규칙성

주기율표에서 14족에 속하는 규소(Si)는 결합할 수 있는 4개의 전자를 가지고 있습니다. 지각에 흔한 물질인 규소와 산소가 결합하게 된다면 전하량 +4인 규소 1개가 전하량 −2인 산소 4개와 결합하여 전체 화합물의 전하는 −4가 됩니다.

$$Si^{4+} + 4O^{2-} \longrightarrow SiO_4^{4-}$$

SiO_4^{4-}은 다음 그림과 같이 다양한 방법으로 결합합니다.

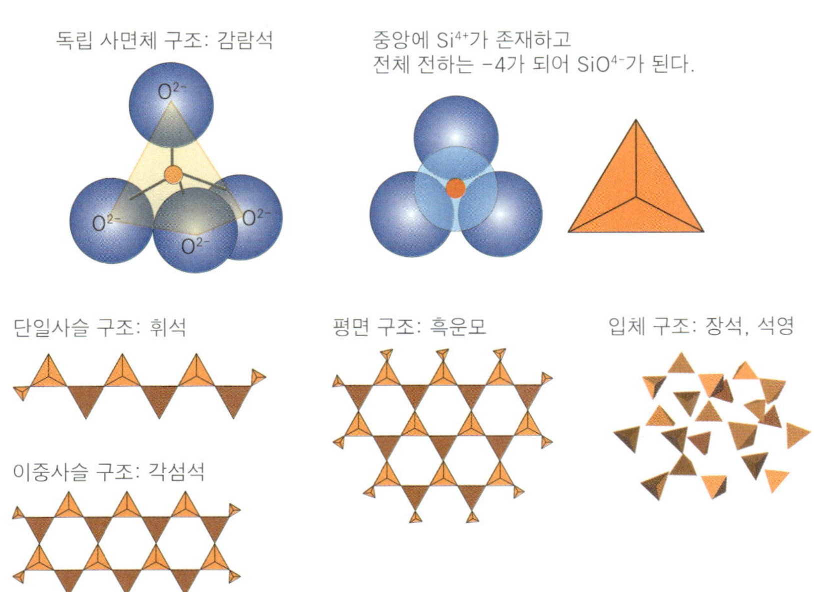

규산염 광물을 이루는 사면체의 다양한 결합 방식과 광물

감람석의 구조를 보면 중앙에 상대적으로 크기가 작은 Si^{4+}이 있고, 바깥에 이보다 큰 O^{2-}이 있는 것을 확인할 수 있습니다. 눈치 빠른 학생이라면 주기율표의 2번째 줄(2주기, 전자껍질이 2겹)에 위치한 산소가 3번째 줄(3주기, 전자껍질이 3겹)에 속한 규소보다 왜 크기가 큰지 의아해하고 있을지도 모르겠네요.

2주기와 3주기 원소의 크기를 비교하는 것은 단순하게 전자껍질의 개수(주기)만으로만은 비교할 수 없는, 상당히 복잡한 내용입니다. 원소의 크기를 결정하는 것은 전자껍질의 개수 외에도 핵에 있는 양성자 수, 잃고 얻은 전자의 수 등 여러 가지가 요소가 있기 때문이죠. 이러한 사항을 고려하여 측정한 이온의 상대적인 크기는 아래 그림과 같습니다.

그런데 앞에서 보석 광물은 미량의 불순물이 색을 결정한다고 했습니다. 이는 어떻게 가능할까요? 감람석은 독립사면체 구조, 휘석은 단일사

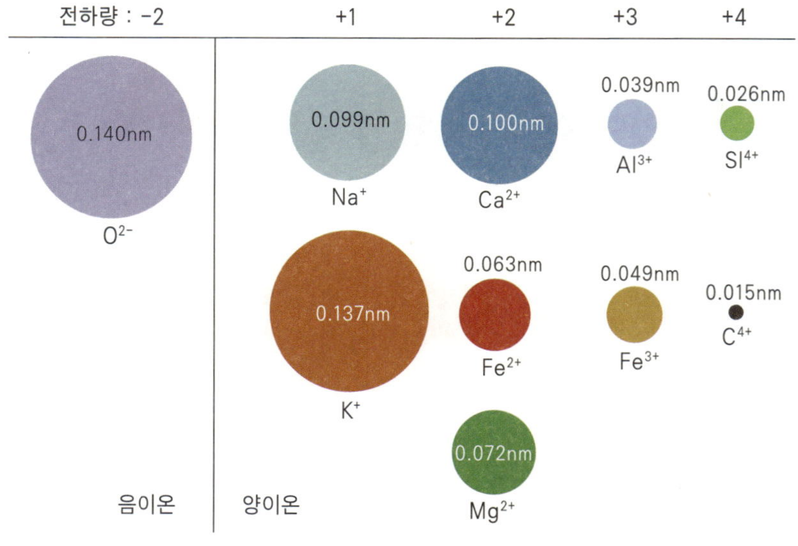

음이온과 양이온의 지름

슬 구조이지만 각각의 구조 사이에 아래 그림과 같이 철이나 마그네슘 같
은 2가 양이온들이 위치하여 결합을 이룹니다. 이러한 이온들이 들어가
면서 감람석에 철과 마그네슘이 포함되듯이, 보석 광물의 결합 구조 사이
사이에 이온들이 들어오면서 다양한 색을 갖게 되는 것입니다.

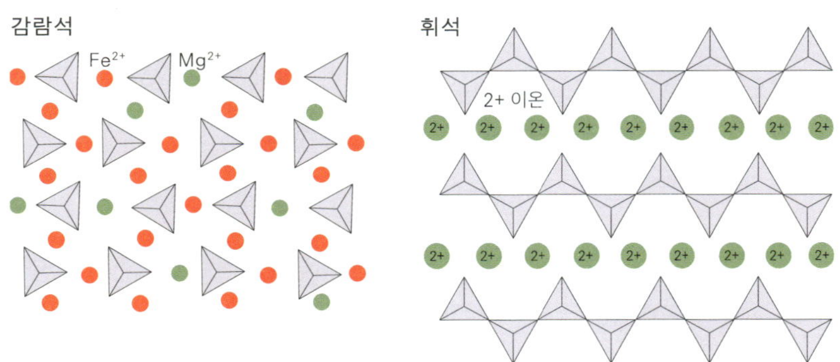

감람석과 휘석의 결합 구조 사이에 들어가는 이온들의 배치

생명체의 토대, 탄소 화합물

　지각에는 산소와 규소가 많다고 했지요. 그렇다면 인간을 포함한 지구
의 생명체에는 어떤 원소, 어떤 물질이 많을까요?

　우리 몸도 역시 산소가 가장 많은 양을 차지하고 있습니다. 지각과 다
른 점은 두 번째 원소지요. 지각에는 규소가 두 번째로 많지만, 우리 몸에
서 두 번째로 많은 원소는 탄소입니다. 그 뒤를 이어 수소가 세 번째로 많
습니다. 그렇다면 지각이 원소들의 화합물로 이루어졌듯이 우리 몸도 산
소, 탄소, 수소의 화합물로 이루어져 있을 것이라고 예상할 수 있습니다.

　지금까지 7000만 종이 넘는 화학물질이 알려져 있는데 이들 중 절대

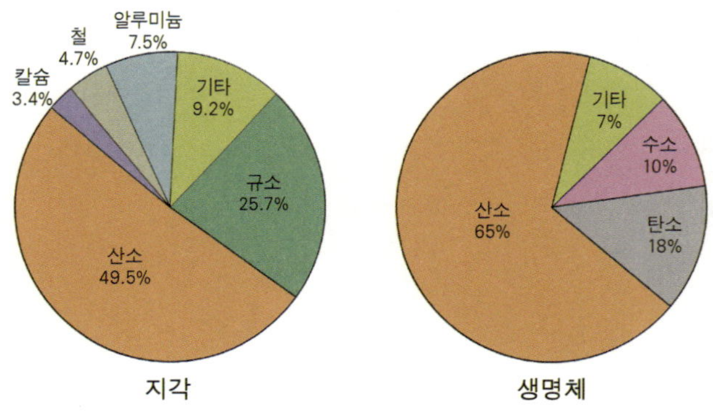

지각과 생명체를 구성하는 물질의 비율

다수가 탄소로 만들어졌습니다. 서열과 구조가 명확하게 확인된 단백질과 DNA의 수도 6000만 종이 넘는데 이들 역시 탄소 화합물입니다.

이처럼 다양한 탄소 화합물이 만들어질 수 있는 중요한 이유는 탄소가 수소, 질소, 산소, 황 등의 비금속 원소와 안정한 공유 결합을 이룰 수 있기 때문입니다. 또한 탄소가 규소와 마찬가지로 14족 원소여서 다른 원자와 결합할 수 있는 가장 바깥 전자껍질에 들어 있는 전자가 4개라는 사실도 중요합니다.

지금까지 생명과학 분야에서 연구한 결과, 지구 환경에서 생명체가 생명현상을 유지하기 위해 다음과 같은 조건을 만족해야 한다고 정의하고 있습니다.

첫째, 생체 구성물은 에너지를 함유하고 전환하는 작업이 쉬워야 한다.

둘째, 생체 구성물의 조립과 분해가 쉬워야 한다.

셋째, 생체 구성물은 구조적 다양성을 수용할 수 있어야 한다.

넷째, 생체 구성물은 지구상에 풍부하게 존재해야 한다.

이러한 특성은 앞서 다룬 규산염 광물과는 큰 차이가 있습니다. 규산염 광물은 구성물의 조립과 분해가 쉽지 않으며 다양성 면에서도 생명체보다는 부족하지요. 이러한 특성 때문에 생물은 광물과는 비교가 안 될 정도로 다양한 모습을 띠게 된 것입니다.

더불어 탄소 화합물이 가지는 유연성은 결합 구조의 느슨함에서도 설명할 수 있습니다. 파도가 끊임없이 드나드는 해변의 모래사장은 늘 비슷해 보입니다. 그런데 모래사장 속의 모래 하나하나가 과연 영원히 같은 자리에 있을까요? 몰아치는 파도에 수많은 모래가 바다로 쓸려 나가고 그 빈 자리는 다음 파도에 밀려온 모래들이 채워줍니다.

즉, 지금 모래사장을 구성하는 모래는 몇 주, 몇 달, 혹은 몇 년이 지나면 전혀 남지 않고, 새로운 모래로 바뀔 것입니다. 이러한 일들이 우리 생명체 내에서도 일어나고 있습니다.

우리 몸을 이루는 단백질의 구성 원소인 탄소는 영원히 신체 내에서 머무는 것이 아니라 지속적으로 다른 탄소와 자리를 바꿉니다. 탄소뿐만 아니라 생명체를 이루는 거의 모든 원소들은 생명체의 생명 활동을 통해 흡수하는 물질들과 배출하는 물질들로 지속적으로 물질 교환을 하고 있습니다.

1930년대 생물학자인 루돌프 쇤하이머(Rudolf Schoenheimer)는 이와 관련한 실험을 실시했습니다. 그는 수소, 탄소, 질소의 동위 원소를 이용하여 생명체 내의 이러한 물질 교환을 연구하였습니다. 수소, 탄소, 질소는 단백질을 구성하는 기본 물질이지요. 그는 질소 동위 원소[15]가 포함된 사료를 먹인 쥐를 이용하여 실험을 하였는데 놀라운 결과가 나옵니다.

---

15 그가 실험에 사용한 것은 일반적인 질량수 14의 질소가 아닌 질량수 15인 중질소였다.

투입한 질소 동위 원소 중 27.4%가 소변으로 배출되었고 변으로 배출된 것은 2.2%에 불과했습니다. 그렇다면 나머지 질소 동위 원소는 어디로 갔을까요? 투입한 양의 절반이 넘는 56.5%의 동위 원소가 쥐의 몸을 이루는 내장, 신장, 비장, 간 등의 장기와 혈청에서 발견되었습니다. 질소 동위 원소를 함유한 먹이에 포함된 아미노산이 체내에 들어가 단백질로 흡수되면서 원래 쥐의 몸을 이루던 단백질의 아미노산과 자리를 바꾼 것입니다.

이렇게 겨우 사흘 만에 아미노산의 50% 정도가 완전히 바뀌었습니다. 이는 생명체에서 나타나는 동적인 평형 상태를 보여주는 좋은 예라고 할 수 있습니다.

지금까지 우리는 지각을 이루는 규산염 광물과 생명체를 이루는 탄소 화합물에 대해 알아보았습니다. 규소와 탄소가 지각이나 생명체를 이루는 기본 단위가 되는 이유는 여러 가지 방법으로 설명할 수 있겠지만, 모두 화학적으로 14족 원소로서 가장 바깥 전자껍질에 들어 있는 전자 수가 4라는 사실로 설명할 수 있을 것입니다.

이렇듯 자연의 신비로움을 과학적으로 풀어나가는 과정도 재미있지 않나요?

규산염 광물의 결합 구조 모형 만들기

규산염 광물의 결합 구조 모형은 다양한 방법으로 제작할 수 있다. 쇠구슬과 자석 막대를 이용하면 정사면체 형태를 잘 구현할 수 있지만, 내부에 보이지 않는 규소 원자를 가정해야 하며, 구조를 확장할 때 안정성이 떨어질 수 있으므로 주의해야 한다.

플라스틱 원자 모형을 활용하면 규소와 산소 원자를 막대로 연결하며 정사면체를 쉽게 제작할 수 있다. 그러나 구조를 확장할 때 원하는 방향으로 배치하기가 약간 까다로울 수 있다.

스타이로폼과 이쑤시개를 활용하면 정확한 정사면체 모양을 만들기가 어렵지만, 원하는 방향으로 결합 구조를 확장할 수 있다.

3D 빌더와 같은 소프트웨어의 이용은 완성된 구조를 관찰하는 데 적합하지만, 프로그램 사용법을 익히는 데 시간이 걸릴 수 있다.

여기서 알아두면 좋은 점은 규산염 광물의 결합 구조가 광물의 물리적인 특성을 결정한다는 사실이다. 공유 결합은 매우 강해서 외부 충격에 잘 끊어지지 않는다. 예를 들어 휘석이나 각섬석처럼 사면체가 직선으로 공유 결합한 구조는 충격이 가해질 때 세로 방향으로 쪼개져 기둥 형태의 광물로 발견된다. 반면 평면 방향으로 공유 결합한 흑운모는 충격을 받으면 납작한 판으로 쪼개진다. 모든 방향으로 공유 결합한 석영이나 장석은 외부의 충격에 잘 쪼개지지 않는 강한 결합 특성을 지닌다. 한편 독립된 사면체로 주변 사면체와 공유 결합을 하지 않은 감람석은 외부의 충격에 쉽게 깨진다.

2 생명체를 구성하는 물질은 어떤 규칙성을 가질까?

물질의 구조적 규칙성, 핵산, 단백질

K-POP 아이돌 그룹 방탄소년단의 노래 중에 〈DNA〉라는 곡이 있습니다. 가사 중 "내 혈관 속 DNA가 말해 줘", "운명을 찾아낸 둘이니까 DNA", "태초의 DNA가 널 원하는데"라는 대목이 있지요. 우연히 라디오에서 흘러나오는 방탄소년단의 노래를 들으면서 '이 노래를 듣고 있는 10대들은 DNA에 대해 잘 알까?'라는 의문이 들었습니다.

DNA는 단백질과 함께 모든 생명체를 구성하는 물질 중 하나입니다. DNA와 단백질은 서로 다른 물질이지만 구조적으로 공통적인 특징을 가지고 있습니다. 모두 탄소 화합물이며, 같거나 비슷한 단위체[16]가 결합한 형태로 이루어져 있다는 것입니다. DNA와 단백질은 단위체의 다양한 조

---

[16] 단위체란 크고 복잡한 물질을 만들 때 반복해서 이용되는 기본 재료를 뜻한다. 생명체를 구성하는 주요 고분자 물질은 탄소, 수소, 산소 등의 원자로 구성된 단위체가 반복적으로 결합된 형태다. 단위체의 종류, 개수, 결합 방식에 따라 다양한 물질이 만들어질 수 있다.

합으로 형성된 고분자 물질입니다. 특히 DNA 같은 물질을 핵산이라고도 합니다. 핵산과 단백질은 어떤 단위체로 이루어져 있으며, 단위체들은 어떻게 핵산과 단백질을 구성할까요?

핵산은 어떤 단위체들이 결합한 물질일까?

핵산은 스위스의 생물학자인 프리드리히 미셔(Friedrich Miescher)가 1869년에 환자의 고름에서 핵 성분을 분리, 추출하여 분석한 결과 발견해 낸 물질입니다. 핵산의 단위체는 인산, 당, 염기가 1 : 1 : 1의 비율로 결합된 뉴클레오타이드이며, 뉴클레오타이드를 구성하는 염기에는 아데닌(A), 구아닌(G), 사이토신(C), 타이민(T), 유라실(U)이 있습니다. 하나의 뉴클레오타이드가 다른 뉴클레오타이드와 결합하여 긴 가닥을 형성하는데, 이를 폴리뉴클레오타이드라고 합니다.

DNA는 두 가닥의 폴리뉴클레오타이드가 꼬여 있는 사다리 형태의 이

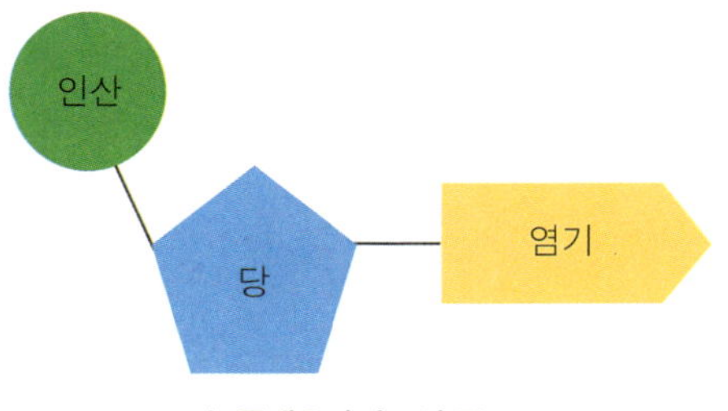

뉴클레오타이드의 구조

뉴클레오타이드는 인산, 당, 염기로 이루어져 있다.

중 나선 구조를 이루고 있습니다. DNA를 이루는 뉴클레오타이드의 염기

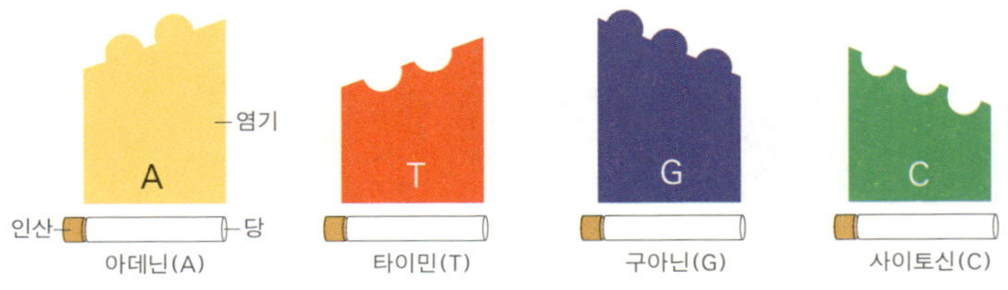

DNA를 구성하는 4종류의 뉴클레오타이드

는 아데닌(A), 구아닌(G), 사이토신(C), 타이민(T)이며, DNA를 구성하는 뉴클레오타이드가 어떤 염기를 가지고 있느냐에 따라 4종류로 나뉩니다.

〈DNA〉라는 노래에서 방탄소년단은 첫눈에 반한 사람에게 너와 나의 만남은 운명이라고 강조하기 위해 혈관 속 DNA가 그 사실을 말해 준다고 했지요? DNA가 생물이 가진 생명의 설계도인 유전 정보를 저장하고 있다는 데서 착안한 가사입니다. DNA가 가진 유전 정보는 4종류의 뉴클레오타이드가 어떤 순서로 배열되어 있느냐에 따라 결정됩니다.

그렇다면 DNA를 이루는 뉴클레오타이드는 어떤 규칙성을 가지고 결합되어 있을까요? 하나의 뉴클레오타이드에 포함된 당과 다른 뉴클레오타이드에 포함된 인산이 공유 결합으로 연결되면 당-인산-당-인산이 반복되는 기본 골격을 가진 폴리뉴클레오타이드가 형성됩니다.

DNA는 2개의 폴리뉴클레오타이드로 구성되는데, 각 폴리뉴클레오타이

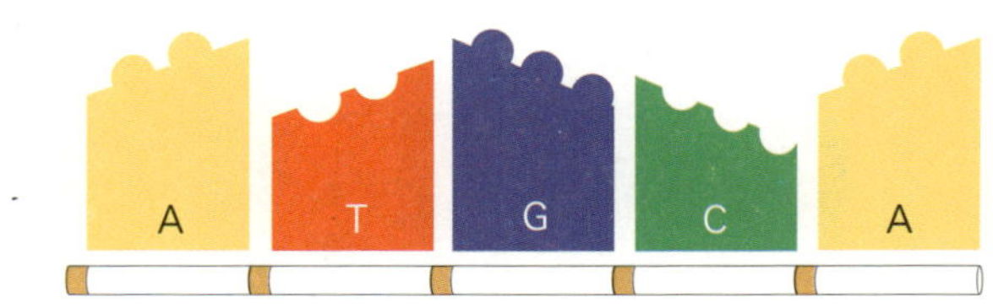

DNA를 구성하는 폴리뉴클레오타이드

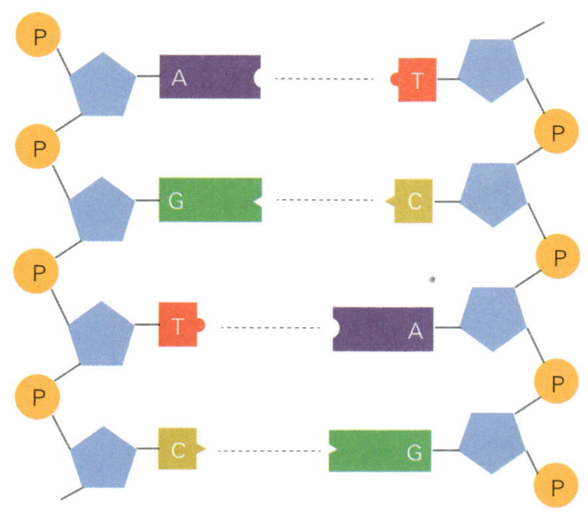

DNA 분자 구조의 형성

DNA는 2개의 폴리뉴클레오타이드가 결합된 구조이다.

드를 구성하는 염기는 서로 마주보며 수소 결합으로 연결되어 있습니다.

이때 아데닌(A)은 항상 타이민(T)과 상보적으로 결합하고, 구아닌(G)은 항상 사이토신(C)과 상보적으로 결합합니다. 따라서 한쪽 폴리뉴클레오타이드를 구성하는 염기 순서를 알면 다른 쪽 폴리뉴클레오타이드를 구성하는 염기 순서를 알 수 있지요.

DNA를 이루는 단위체인 뉴클레오타이드의 조합으로 형성된 또 다른 물질이 있습니다. 바로 RNA입니다. RNA도 핵산이므로 DNA와 마찬가지로 뉴클레오타이드가 반복적으로 결합한 화합물입니다. DNA는 두 가닥의 폴리뉴클레오타이드로 이루어져 있지만 RNA는 한 가닥의 폴리뉴클레오타이드로 이루어진 단일 가닥 구조라는 차이점이 있습니다.

DNA를 구성하는 당은 디옥시리보스(deoxyribose)이지만 RNA를 구성하는 당은 리보스(ribose)입니다. DNA와 RNA에서 'NA'는 모두 핵산

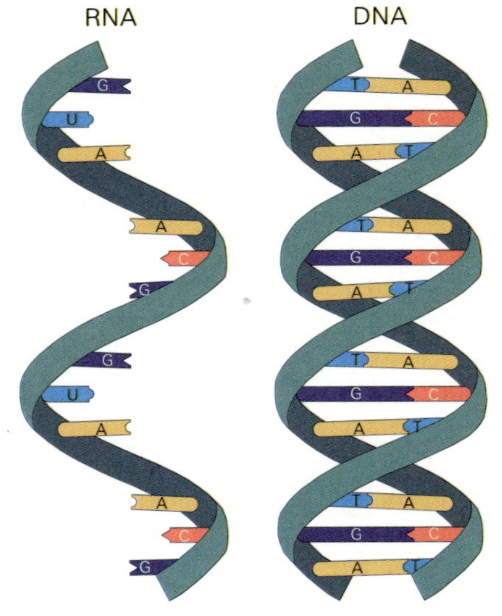

DNA와 RNA의 구조 비교
DNA는 이중 나선 구조이고,
RNA는 단일 가닥 구조이다.

(nucleic acid)의 약자이고, DNA의 'D'와 RNA의 'R'은 각각 디옥시리보스
와 리보스의 머리글자에서 따온 것입니다.

RNA와 DNA는 당의 종류만이 아니라 뉴클레오타이드를 구성하는 염
기의 종류도 일부 다릅니다. RNA를 구성하는 염기 중 아데닌(A), 구아
닌(G), 사이토신(C)은 DNA를 구성하는 염기와 종류가 같지만, RNA에는
DNA에 있는 타이민(T) 대신 유라실(U)이 있습니다.

DNA와 RNA가 구조적으로 차이가 있는 것처럼 역할도 다릅니다. DNA는
유전 정보를 저장하는 역할을 하지만, RNA는 유전 정보를 전달하고 단백
질을 합성하는 과정에 관여합니다. 그렇다면 DNA는 어떻게 유전 정보를
저장하는 것일까요?

DNA를 구성하는 뉴클레오타이드는 염기의 종류에 따라 4가지가 있으
며, 4가지의 뉴클레오타이드가 배열된 순서가 바로 유전 정보입니다. 즉,
DNA의 단위체인 뉴클레오타이드 4종류가 다양한 순서로 결합하여 염기

DNA 이중 나선 구조를 발견하다

DNA 분자가 이중 나선 구조로 이루어져 있음을 밝힌 과학자는 제임스 왓슨과 프랜시스 크릭이다. 이들이 DNA 분자 구조를 밝힐 수 있었던 것은 많은 과학자들의 노력이 뒷받침된 덕분이다.

미국의 과학자인 알프레드 허시(Alfred Hershey)와 마사 체이스(Martha Chase)는 바이러스의 한 종류인 박테리오파지를 이용한 실험을 통해 DNA가 유전 물질임을 실험적으로 증명하였다. 미국의 과학자인 어윈 샤가프(Erwin Chargaff)는 여러 생물에서 얻은 DNA를 분석했으며, 그 결과 4종류의 염기 수가 생물의 종류에 따라 각각 다르더라도 아데닌(A)과 타이민(T)의 수, 구아닌(G)과 사이토신(C)의 수는 항상 같다는 사실을 발견했다.

영국의 모리스 윌킨스(Maurice Wilkins)와 로절린드 프랭클린(Rosalind Franklin)은 DNA 분자에 X선을 쏘여 DNA의 X선 회절 사진을 얻었는데, 왓슨과 크릭은 이 사진을 보고 DNA 분자가 이중 나선 구조라는 결정적인 힌트를 얻게 되었다.

이후 왓슨과 크릭은 여러 과학자들의 연구 결과에 기초하여 DNA 분자 구조 모형을 제작하였다. 이 모형에 따르면 DNA 이중 나선의 바깥쪽에는 당-인산 골격이 있고, 안쪽에서는 아데닌(A)이 타이민(T)과, 구아닌(G)이 사이토신(C)과 마주보고 짝을 이루어 결합하고 있다. 이것으로 아데닌(A)과 타이민(T)의 수, 구아닌(G)과 사이토신(C)의 수가 항상 같다는 샤가프의 발견을 설명할 수 있게 되었다.

왓슨과 크릭은 1953년 4월 25일 자 《네이처》지에 자신들이 만든 DNA 이중 나선 구조 모형에 대한 내용을 발표했으며, 이 업적으로 1962년 왓슨, 크릭, 윌킨스는 노벨 생리의학상을 공동 수상하였다. 그러나 아쉽게도 프랭클린은 이미 사망하여 노벨상을 수상하지 못했다.

의 종류와 순서(염기 서열)가 다양한 DNA가 만들어지며, 생물마다 DNA의 염기 서열이 달라 서로 다른 유전 정보를 저장하게 되므로 생물 고유의 특성이 나타나는 것입니다.

방탄소년단의 〈DNA〉에서 태초의 DNA가 널 원한다는 것은 사랑하는 사람에 대한 정보가 저장되어 있다는 시적 표현이었겠지요?

단백질은 어떤 단위체로 이루어졌을까?

도시화와 기후 변화 등으로 인해 미래에는 농작물 생산량이 감소할 전망이라고 합니다. 그래서 2003년부터 식용 곤충에 대한 전문가 회의 및 연구가 이루어졌고, 2013년 유엔식량농업기구(FAO)는 곤충을 유망한 미래 식량으로 선정했습니다. 많은 사람들이 징그럽다고 여기는 곤충이 미래 식량으로 선정된 까닭은 무엇일까요? 무엇보다 곤충은 좁은 공간에서 사육하기 쉽고 단백질이 풍부하기 때문입니다.

단백질은 영어로 프로틴(protein)이라고 하는데, 그리스어 'proreios'에서 유래된 단어입니다. '첫 번째로 중요하다(primary)'라는 뜻이지요. 프로틴이라는 말의 유래만 봐도 알 수 있듯이 단백질은 사람을 비롯한 모든 생명체 내에서 생명 현상을 조절하는 필수 성분이며 생명체를 구성하는 주요 물질입니다. 생명체 내에서 화학 반응이 빠르게 일어나도록 도와주는 효소, 생명 활동을 조절하는 호르몬, 병원체를 물리치는 항체도 모두 단백질로 이루어져 있습니다.

단백질은 성장기의 청소년뿐만 아니라 노화가 진행되고 있는 성인에게도 꼭 필요한 물질이고, 머리카락과 손톱, 근육 등도 모두 단백질로 이루

빛이 나는 단백질이 있다?

단백질 중에는 헤모글로빈처럼 색깔을 띠는 단백질도 있지만 대부분은 색깔을 띠지 않는다. 만약 우리 몸을 구성하는 단백질 중 형광을 띤 단백질이 있다면 우리 눈에는 어떻게 보일까?

실제로 자외선이나 청색 빛이 닿으면 녹색 형광빛으로 밝게 빛나는 단백질이 있다. 이 단백질을 녹색형광단백질(GFP, Green Fluorescent Protein)이라고 부른다. 1962년 일본의 해양생물학자인 시모무라 오사무가 발광평면해파리의 형광 물질을 연구하는 도중 처음 발견했다.

현재 녹색형광단백질은 생명과학 연구와 의약품 개발에 다양하게 활용되고 있다. 녹색형광단백질을 특정 단백질 분자에 꼬리표처럼 붙이면 녹색 형광빛을 띠므로, 이 빛을 따라 특정 단백질의 움직임과 위치를 쉽게 확인할 수 있기 때문이다.

어져 있습니다. 우리 몸의 머리카락은 케라틴 단백질로, 피부는 콜라겐 단백질로, 근육은 마이오신과 액틴 단백질로 이루어져 있으며, 적혈구에 들어 있는 산소 운반을 담당하는 단백질은 헤모글로빈입니다. 인간의 몸뿐 아니라 공작의 깃털, 양의 뿔, 거미줄 등과 같이 여러 생물의 몸을 구성하기도 합니다.

근육, 효소, 호르몬을 구성하는 단백질은 서로 다르다고 했지요. 그렇다면 우리 몸을 구성하는 단백질은 몇 종류일까요? 우리 몸 전체의 단백질 종류는 무려 10만 개에 이른다고 합니다. 이렇게 종류가 많지만 모든 단백질은 공통적으로 아미노산이라고 하는 단위체로 이루어져 있으며, 아미

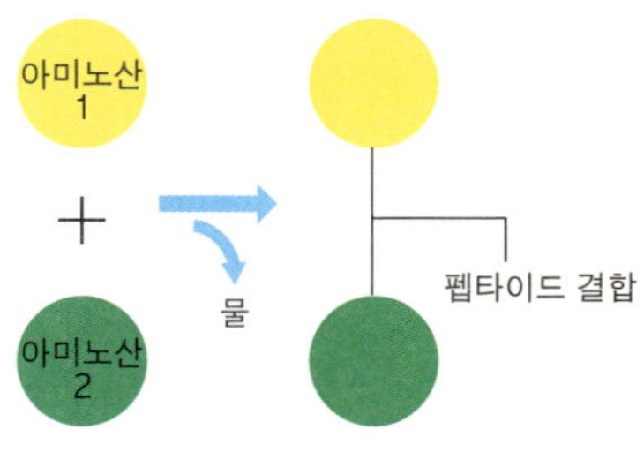

펩타이드 결합

노산의 종류는 20가지입니다. 이들 아미노산이 다양하게 배열되어 결합함으로써 많은 종류의 단백질이 만들어지는 것이지요.

아미노산은 어떻게 결합하여 다양한 단백질을 형성하는 것일까요? 2개의 아미노산 사이에서 1분자의 물이 빠져나가면서 2개의 아미노산이 결합되는데, 이와 같은 2개의 아미노산 결합을 펩타이드 결합이라고 합니다.

펩타이드 결합으로 많은 수의 아미노산이 길게 연결된 폴리펩타이드가 형성되며, 폴리펩타이드의 사슬은 규칙적으로 접히거나 일정한 방향으로 회전하여 병풍 또는 나선 모양의 구조를 만들고, 이것이 더욱 휘거나 비틀려서 3차원 입체 구조를 만들어 단백질이 됩니다.

어떤 종류의 아미노산이 어떤 순서로 배열되어 폴리펩타이드가 만들어지느냐에 따라 단백질의 종류가 달라집니다. 20가지 아미노산 중 2개의

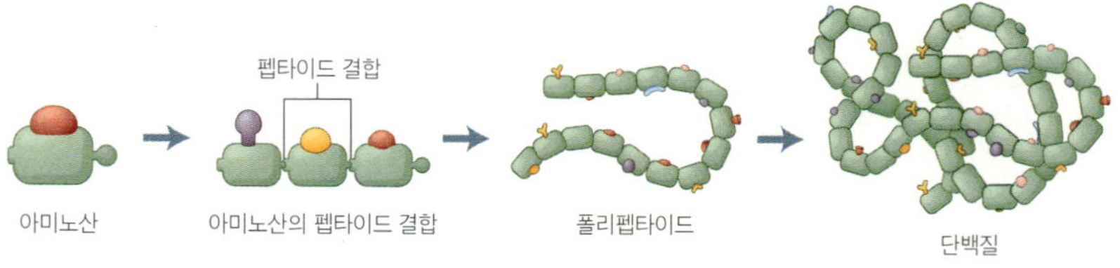

단백질의 형성

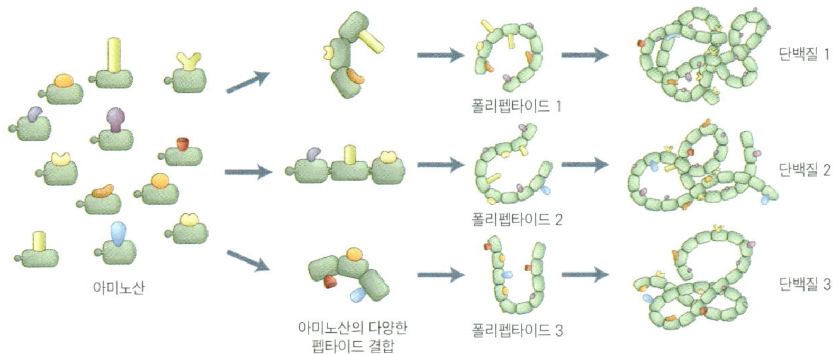

아미노산의 종류와 연결 순서에 따라 다르게 만들어지는 단백질

아미노산으로는 20^2종류를, 10개의 아미노산으로는 20^{10}종류를, 100개의 아미노산으로는 20^{100}종류를 만들 수 있습니다. 따라서 20종류의 아미노산을 단위체로 이용하면, 생명체를 구성하는 수많은 단백질을 충분히 만들 수 있는 것입니다.

단백질의 종류에 따라 아미노산의 종류와 순서, 즉 아미노산 서열이 다르며, 이는 특정 단백질이 고유의 입체 구조와 기능을 가지게 합니다. 단백질의 구조와 기능은 아미노산의 종류와 수에 따른 다양한 조합의 배열에 의해 결정됩니다.

모든 단백질이 하나의 폴리펩타이드로 이루어진 것은 아닙니다. 여러 개의 입체 구조를 갖는 폴리펩타이드가 모여 고유의 구조와 기능을 나타내는 하나의 단백질을 만드는 경우도 있지요. 가장 대표적인 예가 적혈구 속에서 산소 운반을 담당하는 헤모글로빈입니다. 헤모글로빈은 4개의 폴리펩타이드가 모여 형성된 단백질입니다.

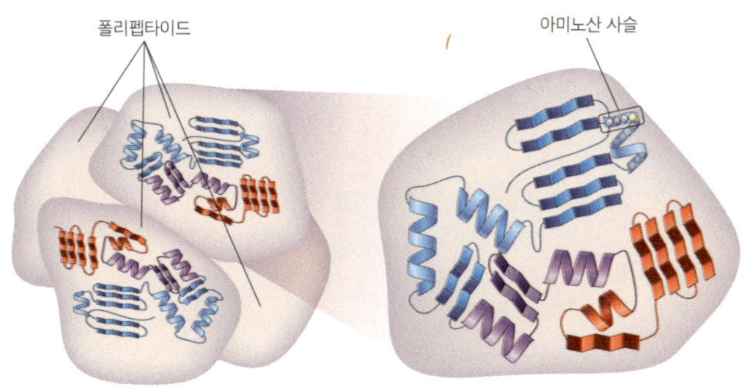

폴리펩타이드의 입체 구조가 여러 개 모인 단백질

탄수화물을 구성하는 단위체는 무엇일까?

핵산, 단백질과 같은 단위체의 조합으로 만들어진 물질로는 또 어떤 것이 있을까요? 오늘 무엇을 먹었는지 떠올려봅시다. 우리가 먹는 밥, 빵, 피자, 칼국수, 과자 등의 주성분은 탄수화물의 한 종류인 녹말입니다.

녹말을 구성하는 단위체는 포도당이며, 녹말은 수백에서 수천 개의 포도당이 공유 결합으로 연결되어 형성된 긴 사슬 형태입니다. 포도당이 녹말을 만드는 결합 방식과 다르게 연결되면 글리코젠, 셀룰로스 등과 같은 탄수화물이 만들어집니다.

녹말, 글리코젠, 셀룰로스는 모두 단위체가 포도당이지만 결합 방식이 다르기 때문에 저마다 구조와 특성이 다릅니다. 녹말은 식물의 뿌리, 열매, 줄기, 잎 등에, 글리코젠은 동물의 간이나 근육 등에 있으며, 녹말과 글리코젠은 에너지를 저장하는 역할을 합니다. 셀룰로스는 식물 세포의 세포벽을 구성하는 물질로, 식물 세포를 구조적으로 지지하는 역할을 하지요.

뉴클레오타이드, 아미노산처럼 탄소, 수소, 산소 등의 원자가 화학 결합을 하여 이루어진 단위체가 각기 다른 순서로 결합하여 수많은 종류의 핵산, 단백질 등을 만들어냅니다.

이와 같이 사람을 비롯한 생명체를 구성하는 고분자 물질은 각각의 단위체가 규칙적으로 반복되어서 만들어진 것입니다. 그리고 단위체가 어떤 종류와 순서로 반복되느냐에 따라 많은 종류의 고분자 물질이 만들어지므로 다양한 생명 현상이 일어날 수 있습니다.

탐구 활동 파헤치기

DNA 모형을 제작하고, DNA의 구조적 특징과 규칙성 탐구하기

이 탐구에서는 뉴클레오타이드 모형을 이용하여 DNA 모형을 제작해 보고, 다음과 같은 DNA 모형의 구조적 특징을 파악하도록 한다.

DNA 모형의 구조적 특징

1. 핵산을 구성하는 기본 단위체인 뉴클레오타이드는 인산, 당, 염기가 1 : 1 : 1의 비율로 결합한 화합물이다.

2. DNA를 이루는 염기에는 아데닌(A), 구아닌(G), 사이토신(C), 타이민(T)이 있다.

3. DNA는 뉴클레오타이드들이 반복적으로 결합하여 형성된 폴리뉴클레오타이드 두 가닥이 꼬여 이중 나선 구조를 이룬다. 이때 아데닌(A)은 항상 다른 쪽 가닥의 타이민(T)과 결합하고, 사이토신(C)은 항상 구아닌(G)과 결합한다.

4. DNA 이중 나선 구조에서 두 가닥의 지름(폭)과 염기쌍의 거리는 일정하다.

모둠별로 제작한 DNA 모형에서 염기의 배열 순서를 비교해 보고, 이를 바탕으로 4종류의 염기가 어떤 순서로 배열되어 있느냐에 따라 DNA는 서로 다른 유전 정보를 가진다는 사실을 이해한다.

3 인간은 자연이 준 재료를 어떻게 이용해 왔을까?

!) 신소재, 반도체, 초전도체

인류 문명의 발전은 새로운 재료의 활용과 밀접한 관련이 있습니다. 이는 역사를 석기 시대, 청동기 시대, 철기 시대 등으로 구분하는 것만 보아도 쉽게 알 수 있습니다.

과거에는 주로 도구와 건축물을 만드는 데 필요한 구조용 재료를 찾는 일에 집중했습니다. 특히 가볍고 강하며 오래가는 물질을 발견하고 활용하는 것이 중요했습니다. 하지만 최근에는 새로운 방향으로 재료를 연구하고 있습니다. 반도체, 초전도체, 그래핀처럼 특수한 전기적·자기적 성질을 가진 기능성 재료를 개발하는 일에 많은 노력을 기울이고 있습니다.

현대 문명이 발전하면서 정보·통신 분야의 중요성은 점점 커지고 있습니다. 기계 제품에도 더욱 정교한 기능이 요구되고 있죠. 이러한 변화 속에서 기능성 재료는 구조용 재료보다 훨씬 빠르게 발전하고 있습니다. 이를 인체에 비유하자면, 과거에는 뼈와 같은 구조를 이루는 조직이 중요했던 반면, 이제는 신경이나 두뇌와 같은 기능성 재료가 더 주목받고 있는 셈입니다.

이러한 흐름 속에서 등장한 것이 바로 '신소재'입니다. 신소재란 과학기술을 바탕으로 기존 재료의 한계를 극복하고, 새로운 기능과 성질을 갖도록 개발한 재료를 의미합니다.

그렇다면 인간은 어떻게 자연의 재료를 변화시켜 신소재를 만들어왔을까요? 먼저 자연의 재료를 살펴보면, 주기율표상의 다양한 원소와 이들이 결합한 물질들을 떠올릴 수 있습니다. 우주 초기에 생성된 수소와 헬륨은 우주 전체에서 큰 비중을 차지하지만, 지구에서는 상대적으로 그 양이 적습니다. 하지만 지구, 특히 지각에는 산소, 규소, 알루미늄, 철 등이 풍부합니다. 이 중 산소와 규소는 화학 결합을 통해 규산염 화합물을 형성하는데, 이것이 지각의 주요 구성 물질입니다.

생명체의 구성도 흥미롭습니다. 생물의 몸은 물, 단백질, 지질, 탄수화물, 무기 염류 등으로 이루어져 있습니다. 이 중 단백질, 지질, 탄수화물은 탄소를 중심으로 수소, 산소, 질소 등이 공유 결합한 탄소 화합물로, 생명체의 핵심 구성 물질입니다.

이처럼 자연 물질들은 모두 일정한 규칙에 따라 결합한 화합물입니다. 각각의 물질은 녹는점, 끓는점, 비열, 밀도, 강도, 전기 전도성, 자성, 굴절률 등 고유한 물리적 성질을 가지고 있습니다.

과거 인류는 이러한 물질의 성질을 그대로 활용하거나 단순히 형태만 바꾸어 사용했습니다. 하지만 현대에 이르러서는 물질의 결합 규칙 자체를 변형하여 새로운 성질을 지닌 물질을 만들어내고 있습니다. 이것이 바로 앞서 설명한 신소재의 핵심 개념입니다.

그렇다면 우리 주변에서는 이러한 신소재들이 실제로 어떻게 활용되고 있을까요?

물질의 전기적 성질을 바꾸다

우리가 바닷가에서 흔히 보는 모래의 주성분인 규소는 매우 특별한 원소입니다. 지구 지각에서 산소 다음으로 많은 이 원소는 전체 질량의 27.7%를 차지하며, 우주에서도 8번째로 풍부한 원소입니다. 규소는 점토, 석영, 장석, 화강암 등 다양한 광물의 주성분으로 존재하며, 인류 문명의 발전과 함께해왔습니다.

물질의 전기적 성질을 이해하기 위해서는 도체, 반도체, 절연체의 개념을 알아야 합니다. 구리처럼 전류가 잘 흐르는 물질을 도체, 나무처럼 전류가 거의 흐르지 않는 물질을 절연체라고 합니다. 그리고 그 중간 정도의 전기 전도성을 지닌 물질이 바로 반도체입니다.

규소는 대표적인 반도체 물질입니다. 반도체의 가장 큰 특징은 온도, 습도, 특정 화학물질의 존재 여부에 따라 전기가 흐르는 성질이 달라진다는 점입니다. 이러한 특성을 활용하여 다양한 센서를 만들 수 있습니다.

전류의 흐름을 미시적으로 살펴보면, 금속 내부에는 원자로부터 벗어나 자유롭게 움직일 수 있는 자유 전자가 존재합니다. 금속의 양 끝에 전압을 걸면 이 자유 전자들이 이동하면서 전류가 흐르게 됩니다.

순수한 반도체 물질인 규소에는 전자가 매우 적어 전압을 걸어도 전류가 잘 흐르지 않습니다. 하지만 여기에 불순물을 의도적으로 첨가하는 '도핑(doping)' 과정을 거치면 전기적 성질이 크게 달라집니다. 도핑의 종류에 따라 p형 반도체와 n형 반도체가 만들어지는데, 이 둘은 서로 반대되는 전기적 성질을 가지면서도 전기적 성질을 세밀하게 제어할 수 있습니다.

이 두 종류의 반도체를 접합하면 매우 흥미로운 현상이 일어납니다. 대표적인 예가 p-n 접합 다이오드입니다. p-n 접합 다이오드는 p형 반도체와 n형 반도체를 접합시킨 뒤 양 끝에 전극을 붙인 소자로, 전류를 한쪽 방향으로만 흐르게 하는 정류 작용을 합니다.

p-n 접합 다이오드의 p형 반도체에 전원의 (+)극을 연결하고, n형 반도체에 전원의 (-)극을 연결한 경우를 '순방향 전압이 걸렸다'고 말합니다. 아래 왼쪽의 그림처럼 p-n 접합 다이오드에 순방향 전압을 걸면 p형의 양공(전자가 빠져나가 생긴 양전하를 띤 빈자리)과 n형의 전자가 접합면으로 모여들어 결합합니다. 이때 양쪽 전극에서 지속적으로 전하가 공급되므로 전류가 계속 흐르게 됩니다.

반대로 오른쪽 그림과 같이 p형에 (-)극, n형에 (+)극을 연결하여 역방향 전압이 걸리면 접합면에서 양공과 전자가 멀어지면서 전류가 흐르지 않게 됩니다. 이러한 원리로 p-n 접합 다이오드의 전류 흐름을 제어할 수 있습니다.

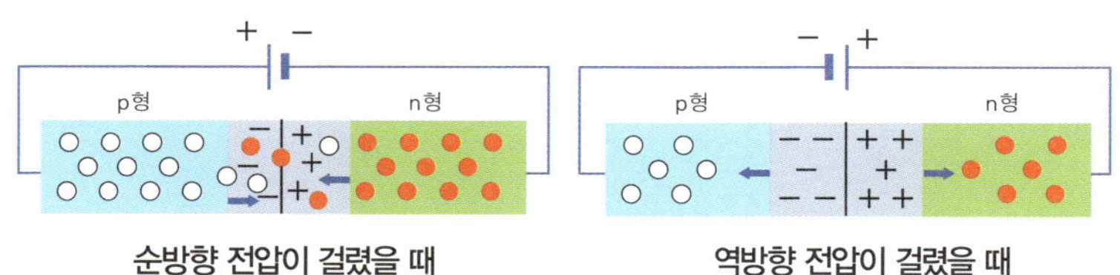

순방향 전압이 걸렸을 때　　　　　역방향 전압이 걸렸을 때

p-n 접합 다이오드의 실용적 응용

일상생활에서 가장 흔히 접하는 p-n 접합 다이오드의 응용은 바로 전기 어댑터입니다. 일반 가정에 공급되는 전기는 전류의 방향이 주기적으로 바뀌는 교류입니다. 하지만 컴퓨터나 휴대전화와 같은 전자제품에는 한 방향으로만 흐르는 직류 전기가 쓰입니다. 이때 어댑터 내부의 정류 회로가 교류를 직류로 변환해 주는데, 이 정류 회로의 핵심이 바로 p-n 접합 다이오드입니다.

p-n 접합 다이오드는 빛과 관련된 분야에서도 혁신적인 발전을 이끌었습니다. 대표적인 예가 포토다이오드와 발광 다이오드(LED)입니다. 포토다이오드는 빛 에너지를 전기 신호로 변환하는 장치입니다. 빛이 p-n 접합부에 도달하면 빛에 의해 전자-양공 쌍이 생성되어 전류가 흐릅니다. 이러한 원리는 디지털카메라의 이미지 센서나 광통신 장비의 수신부 등에 적용됩니다.

LED(Light Emitting Diode)는 포토다이오드와 정반대의 작용을 합니다. 전류가 흐르면 p-n 접합부에서 전자와 양공이 결합하면서 빛이 방출됩니다. 특히 LED의 발광 색상을 제어할 수 있다는 점에서 흥미롭습니다. p형과 n형 반도체를 만드는 화합물의 종류에 따라 두 반도체 사이의 에너지 차이가 달라지고, 이는 곧 방출되는 빛의 색상 변화로 이어집니다.

기존 조명과 비교했을 때 LED는 여러 장점을 지닙니다. 수명이 매우 길고, 에너지 효율이 높으며, 크기가 작아 다양한 형태로 제작할 수 있습니다. 이러한 특징 덕분에 TV나 스마트폰 같은 디스플레이 장치에서 가정용 조명까지 그 활용 범위가 매우 넓습니다.

최근에는 LED 기술이 더욱 발전하여 고휘도 LED가 개발되었습니다.

이는 기존 백열전구나 형광등을 대체할 수 있는 수준의 밝기를 제공합니다. 더 나아가 레이저 다이오드는 더욱 집중된 형태의 빛을 만들어낼 수 있어 광통신, 바코드 스캐너, DVD 플레이어 등 정밀한 광학 기기에 활용됩니다.

저항이 사라지는 신비한 물질 '초전도체'의 세계

전기와 자기의 깊은 관계를 이해하면 초전도체의 중요성이 더욱 분명해집니다. 우리가 흔히 보는 영구자석의 자기장도 사실은 전자의 움직임, 즉 미시적인 전류에 의해 만들어집니다. 이처럼 전류가 흐르는 곳에는 항상 자기장이 형성됩니다. 이러한 원리를 이용하면 매우 강한 자기장을 만들 수 있는데, 이때는 자석 대신 큰 전류를 활용합니다.

하지만 큰 전류를 흘릴 때 생기는 문제가 하나 있습니다. 바로 물질의 전기 저항 때문에 발생하는 열입니다. 전류가 흐르는 전선이 따뜻해지는 현상을 경험해 보셨을 것입니다. 이러한 열 발생은 에너지 손실을 의미하며, 때로는 안전 문제를 일으키기도 합니다.

여기서 놀라운 물질이 등장합니다. 바로 '초전도체'입니다. 초전도체는 특정 온도 이하에서 전기 저항이 완전히 0이 되는 특별한 물질입니다. 초전도 상태가 되면 전류가 흘러도 열이 전혀 발생하지 않으며, 한번 흐르기 시작한 전류는 외부에서 추가 에너지를 공급받지 않아도 영원히 흐릅니다.

초전도 현상의 발견은 1911년으로

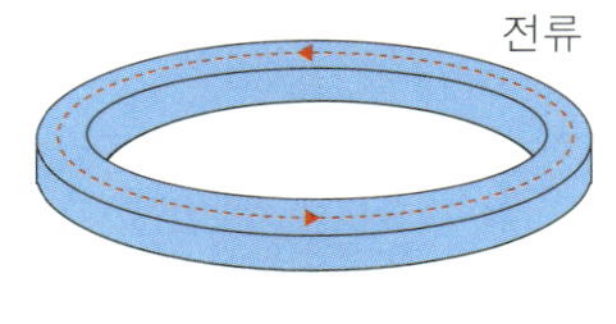

초전도체

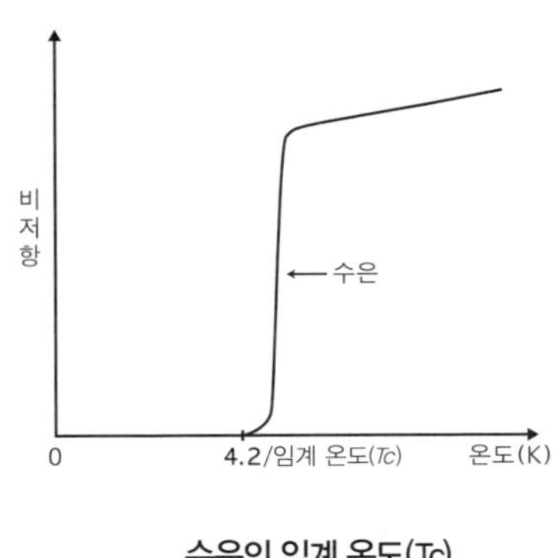

수은의 임계 온도(T_C)

거슬러 올라갑니다. 네덜란드의 물리학자 헤이커 오너스(Heike Onnes)는 수은을 극저온(4.18K, 약 -269℃)으로 냉각했을 때 전기 저항이 갑자기 사라지는 현상을 발견했습니다. 이때의 온도를 '임계 온도(T_C)'라고 부르며, 이보다 낮은 온도에서는 완벽한 초전도 상태가 유지됩니다.

이후 과학자들의 끊임없는 연구로 초전도체의 발전은 큰 도약을 이루었습니다. 순수 금속 중에서는 나이오븀(Nb)이 가장 높은 임계 온도(9.2K)를 보여주었고, 나이오븀-주석(Nb-Sn) 합금은 이보다 훨씬 높은 23K의 임계 온도를 달성했습니다. 1986년에는 획기적인 발견이 있었습니다. 금속 산화물인 세라믹 물질에서도 초전도 현상이 관찰된 것입니다. 처음에는 28K에 불과했던 임계 온도가 빠르게 상승하여, 1988년에는 100K를 넘어섰고, 현재는 203K의 임계 온도를 지닌 물질까지 발견되었습니다.

이러한 발전이 특히 중요한 이유는 실용화와 관련이 있습니다. 액체 질소의 끓는점인 77K(-196℃)보다 높은 임계 온도를 가진 초전도체는 액체 질소로도 초전도 상태를 만들 수 있어 실용성이 높습니다. 액체 질소는 액체 헬륨(끓는점 4K)에 비해 훨씬 저렴하고 구하기 쉽기 때문입니다.

2023년에는 섭씨 0℃(273K) 이상의 상온 초전도체를 발견했다는 발표가 큰 화제가 되었습니다. 그러나 과학계에서는 아직 추가적인 재현 실험과 이론적 입증이 충분히 이루어지지 않았고, 여러 연구팀에서 보고한 데이터가 엇갈리고 있어 정확한 결론을 내리기는 이릅니다. 만약 진정한 상온 초전도체가 확보된다면, 액체 헬륨이나 액체 질소와 같은 저온 냉각재 없이도 초전도 현상을 구현할 수 있게 되어, 전기·에너지·의료·교통 등 다양한 산업 분야에서 혁신적인 변화를 이끌어낼 것이라는 기대가 큽니다.

아직 완전히 검증된 결과는 아니지만, 이러한 시도가 초전도 기술의 미래를 크게 앞당기는 중요한 단계라는 점은 분명합니다. 앞으로 후속 연구가 활발히 이루어져 상온 초전도체가 실용화된다면, 초전도체의 적용 범위가 극적으로 넓어지면서 우리 일상에도 커다란 영향을 미칠 것은 물론이고, 에너지 효율 향상과 기술 혁신을 통해 인류의 지속 가능한 발전에 크게 기여할 수 있을 것입니다.

탄소의 변신, 그래핀과 풀러렌의 세계

탄소는 생명체를 구성하는 핵심 원소이면서도 현대 과학기술의 혁신을 이끄는 놀라운 물질입니다. 가장 바깥쪽 전자껍질에 4개의 전자와 4개의 빈자리를 가진 탄소는 다른 원소들과 다양한 결합이 가능해, 약 2000만 가지에 달하는 화합물을 만들 수 있습니다. 이러한 유연한 결합 능력은 생명체를 구성하는 유기물의 기초가 되며, 물리학에서는 원자의 상대 질량을 나타내는 기준으로도 사용됩니다.

탄소 원자들의 배열 방식에 따라 전혀 다른 물질이 탄생하는데, 이는 마치 같은 블록으로 다양한 구조물을 만드는 원리와 비슷합니다. 다이아몬드와 흑연이 대표적인 예입니다. 다이아몬드는 각 탄소 원자가 4개의 다른 탄소 원자와 정사면체 형태로 단단하게 결합한 지구상에서 가장 견고한 물질입니다. 반면 흑연은 탄소 원자들이 육각형 평면으로 배열된 층들이 약하게 쌓여 있어 쉽게 부스러지는 특성을 보입니다.

과학기술의 발전으로 흑연에서 다양한 신소재가 탄생했습니다. 흑연은 탄소 원자들이 육각형 모양으로 평면 격자를 이루며, 이 평면들이 여러 층으로 약하게 쌓여 있는 구조입니다. 이 중 한 층만을 떼어낸 것이 바로 '그래핀(Graphene)'으로, 두께가 원자 1개에 불과한 2차원 물질입니다. 그래핀은 전기 전도성과 강도가 매우 뛰어나 '꿈의 신소재'로 주목받고 있습니다.

그래핀의 구조를 변형하면 또 다른 탄소 동소체들을 만들 수 있습니다. 예를 들어, 그래핀 한 층을 원통형으로 말아 연결하면 '탄소나노튜브(Carbon Nanotube, CNT)'가 됩니다. 탄소나노튜브는 직경이 매우 가늘고

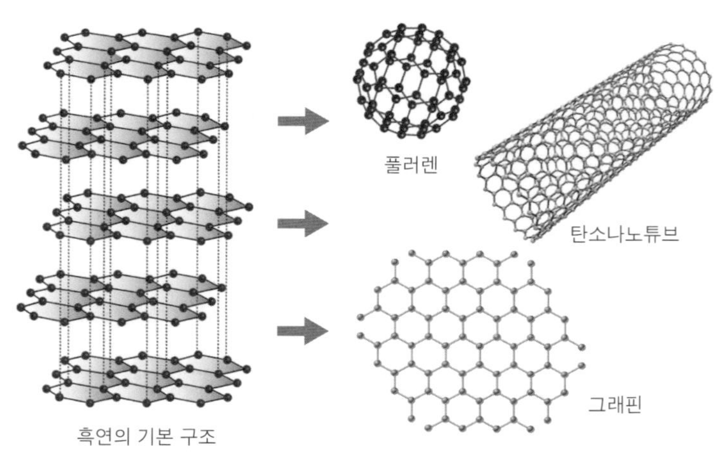

탄소나노튜브, 풀러렌, 그래핀은 모두 흑연의 평면 구조(그래핀)를 변형하거나 응용해 만든 탄소 동소체이다. 그래핀은 흑연의 한 층만을 분리한 구조이며, 탄소나노튜브는 그래핀을 원통형으로 만 구조이다. 풀러렌은 탄소 원자들이 구형 등 입체적으로 말린 구조이다. 이처럼 구조적 차이가 각 물질의 독특한 성질과 용도를 결정한다.

탄소 동소체의 구조

길이가 긴 1차원 구조로, 높은 강도와 전기적 특성을 가져 다양한 첨단 산업에 활용됩니다.

한편, 탄소 원자들이 평면이 아닌 구형이나 타원형 등 입체적으로 결합하면 '풀러렌(Fullerene)'이 됩니다. 가장 대표적인 풀러렌인 C_{60}(버크민스터풀러렌)은 60개의 탄소 원자가 축구공과 같은 구형 구조를 이루고 있습니다. 풀러렌은 내부가 비어 있어 나노 캡슐로 활용되거나, 약물을 전달하는 일에 쓰이는 등 다양한 분야에서 연구되고 있습니다.

이처럼 흑연, 그래핀, 탄소나노튜브, 풀러렌은 모두 탄소 원자들이 평면 위에서 서로 강하게 전자를 공유하며 육각형 고리 모양을 이루는 방식으로 만들어진 구조입니다. 한편 평면(흑연, 그래핀), 원통(탄소나노튜브), 구체(풀러렌) 등 배열 방식에 따라 성질과 용도가 크게 달라집니다. 그림에서 각 구조의 차이와 연관성을 함께 살펴보면, 탄소가 얼마나 다양한 모습으로 변신 가능한지 이해할 수 있습니다.

지구 시스템 속에서 살아가는 우리

지구 시스템을 이루는 하위 권역들

기권과 수권에서 일어나는 에너지 흐름과 물질 순환

지권의 변화를 설명하는 판 구조론

1 지구 시스템을 이루는 하위 권역들

수많은 산들이 첩첩이 쌓여 있는 태백산맥은 우리나라에서 가장 고지대에 해당하는 지역입니다. 이 지역의 높은 산에서는 고생대에 해양에서 번성한 삼엽충 화석이 많이 발견되고 있습니다. 히말라야 산맥이나 유럽의 알프스 산맥에서도 과거 해양에서 번성한 생물 화석인 암모나이트가 발견되지요. 어떻게 이렇게 높은 곳에서 해양 생물의 화석이 나타나는 것일까요?

삼엽충은 고생대의 표준 화석으로 사용될 만큼 다양한 종이 대량으로 번성한 생물입니다. 이 생물은 해양에서 산소로 호흡하며 살았을 것입니다. 산소는 해양의 광합성 박테리아인 남세균의 광합성에 의해 형성되었고, 광합성은 수권의 물과 기권의 이산화 탄소를 이용한 생물의 대사 작용 결과로 이루어졌습니다. 수억 년 전 번성했던 이 생물은 환경 변화로 죽어서 급격히 해저에 퇴적되어 지권의 화석이 되었는데, 이후 지각 변동으로 땅이 융기하여 산맥에서 발견되는 것입니다. 이처럼 화석은 상호 작용하는 지구 시스템의 모습을 보여주는 축소판이라고도 할 수 있습니다.

이 장에서는 지구 시스템이란 무엇이며 어떤 하위 요소들로 구성되어 있는지 알아보겠습니다.

지구 시스템이란 무엇일까?

지구 시스템은 일반적으로 지권, 기권, 수권, 생물권과 같은 하위 요소로 이루어져 있다고 보며, 여기에 외권을 추가하기도 합니다. 권은 다시 하위 요소로 나눌 수 있는데, 예를 들어 수권[17]은 바다, 빙하, 하천, 호수, 지하수 등으로 구성됩니다.

여기서 시스템에 대해 하나 더 알아볼 것이 있습니다. 무엇을 시스템이라고 부를 수 있을까요? '우주의 나머지 부분들로부터 어떤 경계를 가지면서 분리되어 있다'라는 사실을 충족해야 시스템이라고 할 수 있습니다. 시스템은 그 경계의 특성에 따라 고립계, 폐쇄계, 개방계로 나눌 수 있습니다.

고립계(isolated system)는 그 시스템이 주위와 물질 교환이나 에너지 출입이 없는 경우입니다. 그런데 고립계는 실제 세계에는 존재하지 않습니다. 다음으로 폐쇄계(closed system)가 있는데, 이는 주위와 에너지는 교환하지만 물질 교환은 하지 않는 경우입니다. 전자레인지의 경우를 예로 들어보겠습니다. 전자레인지는 전기 에너지를 이용해 내부의 요리를

---

17 수권의 빙하는 일반적인 물과 다르게 이동하기 때문에 일부 연구자들은 빙권을 지구 시스템의 하위 권으로 다루기도 한다.

외권의 별똥별과 유성에 대해 알아두면 좋은 지식

밤하늘에서 혜성은 어떻게 보일까? 혜성이 긴 꼬리를 휘날리며 밤하늘을 지나가는 것으로 착각하는 경우가 많다. 그러나 혜성의 꼬리는 유성의 꼬리처럼 지구 대기에서 생기는 게 아니라, 지구 크기의 수만 배 이상 크기로 태양을 공전하는 혜성핵과 함께 움직인다.

밤하늘에서 보게 된다면 혜성은 뿌연 중심 부분과 태양 반대 방향으로 뻗은 희미한 꼬리를 가진 정지한 천체로 보인다. 또한 별들의 일주운동같이 혜성도 동에서 남, 서로 이동해 가는 것을 볼 수 있다. 그리고 다음 날이면 전날과 비슷한 위치에서 다시 관측할 수 있으며 꼬리의 모양도 조금씩 변화한다. 그렇게 몇 달 정도 밤하늘에서 보이다가 혜성은 사라진다.

하늘의 천체 구별법

가열하지만 그 물질이 밖으로 나오지는 않지요. 폐쇄계의 성격이 그렇습니다. 세 번째로 개방계(open system)가 있습니다. 개방계는 외부와 에너지 및 물질 교환이 모두 일어나는 경우입니다. 예를 들어 호수는 강물이 유입되고 태양 에너지에 의해 물이 증발하여 대기 중으로 빠져나갑니다.

그럼 지구는 이 세 가지 시스템 중 어디에 해당할까요? 과학자들은 지금까지의 연구 결과, 지구를 폐쇄계, 혹은 폐쇄계에 가장 가까운 계로 보는 데에 대부분 동의하고 있습니다. 외부의 태양 복사 에너지가 끊임없이 지구로 유입되고 있으며 이 에너지가 지표의 거의 모든 변화를 일으키는 원동력입니다. 또한 지구 역시 지구 복사 에너지를 외부로 방출하면서 온도 평형을 유지합니다.

그러나 물질을 아예 교환하지 않는 것은 아닙니다. 지구 대기권의 상층에서는 끊임없이 대기의 원자나 분자들이 우주 공간으로 빠져나가고 있으며 태양풍을 타고 들어온 물질들도 지구로 유입되고 있으니까요. 밤하늘에서 우리에게 잠깐의 경이로움을 선사하는 별똥별 역시 외부에서 지구로 유입되는 물질입니다.

그렇지만 이렇게 출입하는 물질의 양은 지구 전체의 질량과 비교하면 무의미할 정도로 적습니다. 그래서 학자들은 대부분 지구를 폐쇄계로 간주하는 것입니다.

대기가 존재하는 기권

기권은 지구의 대기가 존재하는 영역으로 지표로부터 약 1000km까지 입니다. 그러나 지구 중력의 영향으로 지구 전체 대기의 절반은 지표로부터 5.5km 이내에, 90% 이상이 20km, 99.9% 이상이 50km 이내에 분포하고 있습니다.

기권은 기온의 연직 분포에서 나타나는 특징을 기준으로 대류권, 성층권, 중간권, 열권으로 나눌 수 있습니다. 여기서 온도 분포를 만들어내는 열원에 대해 알아볼 필요가 있습니다.

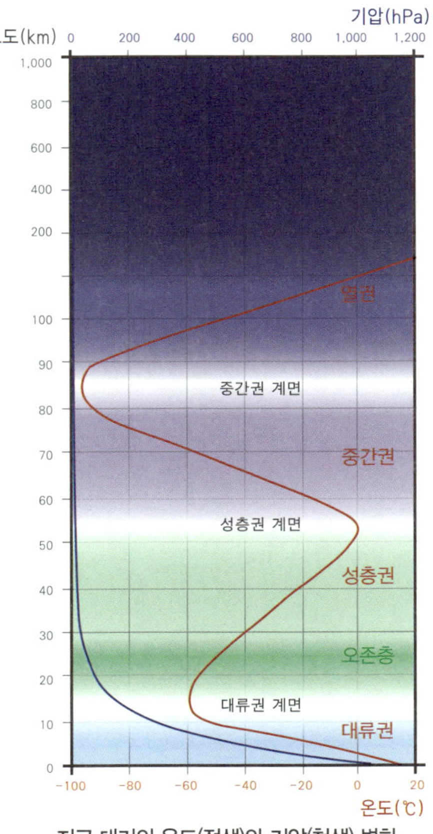

지구 대기의 온도(적색)와 기압(청색) 변화

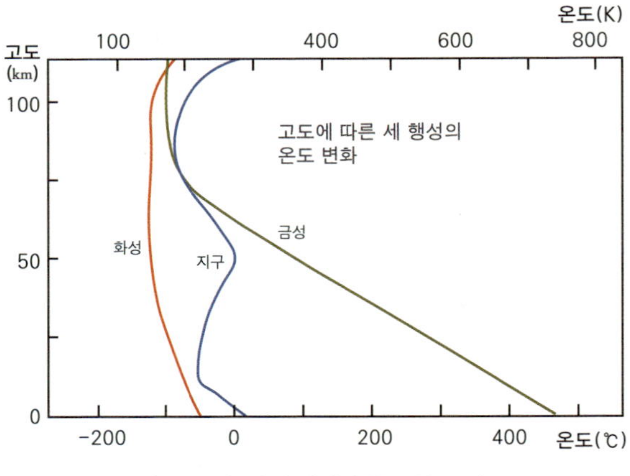

지구, 금성, 화성 대기의 온도 분포 비교

어떤 공간의 온도 분포는 열원에 가까울수록 높게 나타납니다. 이를 염두에 두고 기권의 온도 분포와 열원에 대해 파악해 봅시다.

지구 생물권과 맞닿아 있는 대류권의 온도는 아래가 높습니다. 이것은 대류권의 열원이 지표 쪽이라는 것을 의미합니다. 다시 말하면 대류권은 지구의 지표 복사를 흡수한다는 뜻입니다. 대신 태양으로부터 오는 태양 복사는 잘 흡수하지 않는다는 사실[18]도 유추할 수 있습니다. 대부분의 행성 대기는 이러한 형태를 보여줍니다. 지구형 행성 중에서 대기를 가진 금성, 화성을 보더라도 표면에서 올라갈수록 온도가 낮아지는 것을 볼 수 있습니다.

이들 두 행성은 이렇게 온도가 내려가다가 특정한 높이에 도달하면 온도가 어느 정도 일정하게 유지되고는 다시 높아집니다. 이것은 지구의 열권과 비슷하게 해석할 수 있습니다. 이 지점은 매우 희박해진 대기의 원

---

18 지구 대기는 단파 복사인 태양 복사는 잘 흡수하지 않고, 장파 복사인 지구 복사는 잘 흡수한다. 이를 지구 대기의 선택적 흡수라고 하며 이로 인해 지구의 온실 효과가 나타난다.

자들이 태양과 직접 반응하면서 온도가 상승하는 곳입니다.

이렇게만 본다면 행성 대기의 온도 분포는 대류권과 열권이라는 2개 층으로 나눌 수 있을 것입니다. 그런데 지구의 대기는 다른 두 행성과 달리 중간에 또 하나의 온도 변화 양상을 보이는 지점이 있습니다. 다른 두 행성과 다른 물질이 지구 대기에 영향을 주고 있다는 의미겠지요. 이는 바로 오존입니다.

성층권에는 오존이 다량 분포하고 있는데, 이들 오존이 태양에서 오는 자외선을 흡수하여 온도 상승 효과가 나타나는 것입니다. 태양의 자외선 이 열원이므로 이 권은 태양에 가까운 상층의 온도가 높게 나타납니다. 그래서 다른 행성과는 온도 분포가 다르지요.

그렇다면 중간권의 온도 분포에는 어떤 이유가 있을까요? 이 질문에 답 하기 위해서는 성층권이 없는 경우를 생각해 볼 필요가 있습니다. 성층권이 없었다면 중간권도 존재하지 않았을 것이고, 대류권-열권의 구조를 보였을 것입니다.

그런데 성층권의 오존 때문에 온도가 상승하였고 약 50km 고도에 도달 하면 오존이 거의 존재하지 않아 온도를 올리지 않기 때문에 중간권에서는 고도가 높아지면서 기온이 다시 떨어지는 것입니다.

열권은 지구 대기권의 최외곽에 위치하여 대기를 구성하는 물질이 태 양과 직접 반응함으로써 고도가 높아질수록 온도가 상승하는 구간입니 다. 낮에는 2000K, 밤에는 500K 정도로 온도 차가 매우 크게 나타납니 다. 2000K라면 매우 높은 온도지만 공기 분자의 밀도가 낮아서 열에너지 는 많이 가지고 있지 않습니다.

지구형 행성의 대기권은 어떻게 다를까?

지구형 행성에는 수성, 금성, 지구, 화성이 있다고 했지요. 이 중 수성은 태양과 가까워 온도가 높고 질량이 작아 중력도 낮아서 대기가 존재하지 않습니다. 대기를 가진 지구형 행성은 금성, 지구, 화성입니다. 앞에서 지구의 대기는 오존으로 인해 다른 두 행성과 다른 온도의 연직 분포를 보인다는 것을 알아보았습니다. 그러면 이런 질문이 자연스레 떠오를 것입니다.

"왜 지구에만 오존이 존재할까?"

오존은 산소 분자가 자외선에 의해 분해되어 만들어집니다. 즉, 오존이 만들어지려면 산소가 필요합니다. 이로써 지구에만 산소가 존재한 것으로 볼 수 있는데, 이는 지구의 진화 과정과 밀접하게 관련이 있습니다.

지구에는 나머지 두 행성과 달리 바다가 있습니다. 액체인 물이 있다는 뜻입니다. 금성은 태양과 너무 가깝고 이산화 탄소의 양이 많아 온실 효과의 폭주가 일어납니다. 그래서 액체 상태의 물이 존재할 수 없는 환경이 되었습니다. 화성은 너무 온도가 낮고 중력이 작아서 초기에 존재했을 것으로 보이는 물이 얼어서 지표면 아래에 묻히거나 화성 외부로 빠져나간 것으로 보고 있습니다. 반면 지구는 적당한 온도 조건을 갖춰, 물이 액체 상태로 존재하고 바다가 탄생한 것입니다.

그러나 초기 지구의 대기에는 산소가 없었습니다. 이것은 추측이 아니라 당시 형성된 암석을 이루는 광물을 통해 알 수 있는 사실입니다. 암석을 이루는 광물은 무생물이지만 생성 당시의 환경과 상호 작용하여 만들어집니다. 그런데 어떤 광물은 산소가 없는 환경에서만 만들어지고, 어떤 광물은 산소가 풍부한 환경에서만 만들어집니다. 초기 지구에서 만들어진 광물을 보면 산소가 없는 환경에서 만들어진 광물들로 구성되어 있습

잠깐! 더 배워봅시다

오존은 왜 기권의 중간에 많이 분포할까?

오존은 왜 지표면 부근이나 아주 높은 고도가 아닌 20~30km 사이에 많이 분포할까? 오존은 복잡한 반응을 통해 생성되는 물질이다. 대기 중 산소 분자가 태양의 자외선에 의해 산소 원자로 분해되고, 산소 원자와 분자가 다시 자외선에 의해 오존으로 합성된다. 이 과정에는 질소 분자도 참여하지만 촉매와 비슷한 역할을 할 뿐, 화합물에는 들어가지 않는다.

산소 분자는 대기 하층에 많이 분포하고 태양의 자외선이나 이에 의해 만들어진 산소 원자는 대기 상층에 많이 분포한다. 따라서 이들 두 물질이 공통적으로 많이 분포하는 영역이 20~30km의 고도가 되어 이곳에 오존이 많이 분포하게 된 것이다.

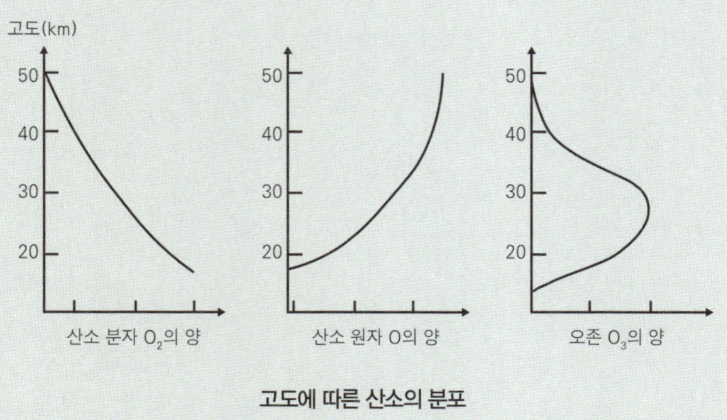

고도에 따른 산소의 분포

니다. 이러한 지질학적 증거에 기초하여 지구 초기에는 산소가 없었음을 확인할 수 있지요.

그런데 약 38억 년 전, 해양의 심해 열수 분출구 주변에서 최초의 생물이 나타났습니다. 이곳에서 풍부하게 공급되는 물질을 기반으로 최초의 생명체가 등장하고, 이후 여러 차례의 진화 과정에서 광합성 박테리아도 나타났습니다.

광합성 박테리아가 등장하고도 다시 오랜 시간이 흘러, 지구는 두 행성과 전혀 다른 대기 상태를 이루었습니다. 이 결과 오존이 형성되어 대기의 온도 구조를 바꾸었을 뿐 아니라 육상에 생명이 진출할 수 있는 환경을 만들었지요.

생물권을 분류하는 방법

약 38억 년 전 지구에 처음 등장한 생물은 오랜 진화 과정을 거쳐 다양한 생물들로 진화했습니다. 이러한 생물은 어떻게 분류할까요?

현재 생물 종은 작게는 300만 종에서 크게는 1000만 종에 이른다고 보고 있습니다. 종에는 학명이 부여되는데, 우리가 일반적으로 사용하는 학명은 앞에는 속명을, 뒤에는 종소명을 붙여 구성합니다. 생물 분류학은 각 시대마다 당시까지 확인된 정보에 근거하여 분류 체계를 확립했습니다.

현미경이 사용되기 시작한 시대의 칼 린네(Carl Linné)는 '생물의 형태'에 중점을 두어 생물 분류의 기초를 쌓았습니다. 린네는 학명을 결정할 때 속명과 종소명을 함께 병기하는 이명법을 채택하여 체계적인 분류 체계를 연구하였고, 현재까지도 이 규칙에 따라 학명을 기재하고 있습니다. 그러나 당시 과학적 지식의 한계로 오류가 확인되기도 합니다. 고래를 어류로 분류하고 광물을 생물로 봄으로써 생물계 전체를 동물계, 식물계, 광물계로 분류한 사례가 그 예입니다.

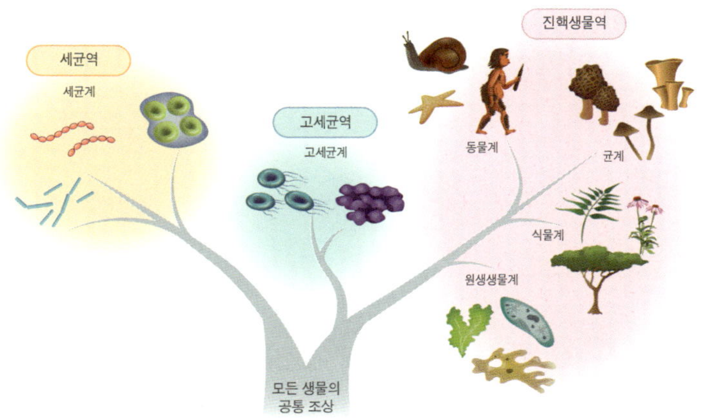

생물 분류에서의 3역(세균역, 고세균역, 진핵생물역)

분류 체계는 시대와 함께 변화하며 발전하고 있는데, 20세기 말에는 유전자 자체를 참조하는 분자 유전학의 방법이 수용되면서 기존의 분류에 대한 재검토가 진행되고 있습니다. 현재는 3역 6계의 분류를 수용하고 있습니다.

인간은 생물권에 속합니다. 그리고 지구 시스템 내에서 다른 권역과 상호 작용하며 살아가고 있지요. 지권에 발을 딛고 살고 지권에서 나오는 광물을 자원으로 이용하고, 생물이 출발한 권역이기도 한 수권의 물을 이용하여 마시고 씻고 생활하며, 기권의 공기를 통해 호흡합니다. 우리는 이렇게 지구 시스템을 구성하는 여러 권들 속에서 생활하고 있습니다.

규모가 큰 시스템을 이해하기 위해서는 작은 하위 권들의 특징을 알아보는 방법도 있습니다. 이들 하위 권들의 특징과 상호 작용을 이해함으로써 전체 시스템에 대한 이해를 높일 수 있을 것입니다.

다음 장에서는 여러 권들의 상호 작용에 대해 조금 더 자세히 알아보도록 하겠습니다.

기권과 수권에서 일어나는 에너지 흐름과 물질 순환

물질의 순환, 에너지의 흐름, 황사, 편서풍, 엘니뇨, 남방진동

생물을 무생물과 구분하는 가장 큰 특징은 무엇일까요? 여기에는 다양한 답이 있겠지만 그중에서도 항상성이 대표적일 것입니다. 항상성이란 주변 변인들을 조정하여 내부 환경을 안정적이고 상대적으로 일정하게 유지하려는 시스템의 특성을 말합니다. 우리의 체온 조절 시스템이 그 예입니다.

우리 몸의 물질대사에 작용하는 효소는 온도에 따라 활성이 달라집니다. 따라서 체온을 적정선에서 유지해야만 합니다. 간뇌의 시상 하부가 피부의 모세혈관을 조절하거나 땀샘을 자극하여 체온을 조절함으로써 항상성을 유지하고 있습니다.

지구가 다른 행성과 구분되는 특징들에는 무엇이 있을까요? 역동성은 어떨까요? 지구 시스템의 지권에서는 판의 운동이 끊임없이 일어나며 지진·화산 활동과 같은 현상을 일으키고, 수권과 기권에 물질을 공급하고

있습니다. 그리고 태양으로부터 흡수한 에너지를 이용하여 물이 순환하면서 태풍 같은 강력한 기상 현상을 일으키기도 하고, 수증기 증발처럼 조용한 변화도 일으킵니다. 생물권 역시 이 모든 권역과 끊임없이 상호 작용하며 역동적인 지구의 특징을 보여주고 있습니다.

이 장에서는 이러한 지구 시스템 내부 권역들의 상호 작용으로 나타나는 물질의 순환과 에너지의 흐름에 대해 알아보겠습니다.

지구 시스템의 세 가지 에너지원

지구 시스템의 에너지원 중에서 가장 많고도 절대적인 양인 약 99.9% 이상을 차지하는 것은 태양 에너지입니다. 태양에서 지구에 도달한 복사 에너지는 대부분 지권과 수권에 흡수되며, 기권에도 일부 흡수되어 생물의 광합성에도 참여하고 생물이 죽으면 지권으로 저장되기도 합니다. 태양 에너지의 일부는 물의 순환에 영향을 미쳐 바람, 강우, 해류, 파도 등을 일으킵니다.

0.013%를 차지하는 지구 내부 에너지는 지구 내부의 핵과 맨틀에 저장된 에너지인데, 판의 운동을 일으키는 원동력이 되며 이로 인해 지진과 화산 활동이 나타나거나 암석을 순환시키는 데도 이용됩니다.

지구 전체 에너지의 0.002%를 차지하는 조력 에너지는 지구에서 달과 가까운 부분과 먼 부분에 미치는 달의 인력 차이로 생기는 에너지입니다. 태양에 의해서도 생기지만 달의 조력 에너지가 태양에 비해 2배 정도 강하지요. 그래서 일반적으로 바다의 조석은 달의 운동에 의해 지배되는 경향이 있습니다. 조력 에너지는 지구의 자전을 느리게 만드는 역할[19]을

조석력에 대하여

조석력은 두 천체의 거리의 세제곱에 반비례하고 천체의 질량에 비례하는 힘이다. 따라서 질량은 태양이 크지만 가까이 있는 달의 영향이 지구에는 크게 나타난다.

지구와 달의 공통질량중심은 지구의 중심에서 달 쪽으로 치우친 곳에 위치하며, 이 공통질량중심에 대한 회전에 따른 원심력이 그림에서 좌측으로 작용한다. 그리고 달에 의한 중력은 지구에서 달 가까운 쪽이 가장 크게 나타난다. 이러한 요소의 합이 조석으로 나타난다.

조석을 일으키는 조석력은 지구의 해수를 움직이기도 하지만, 천체들의 자전에 영향을 주기도 하며, 유성체나 혜성의 핵을 깨뜨리기도 한다.

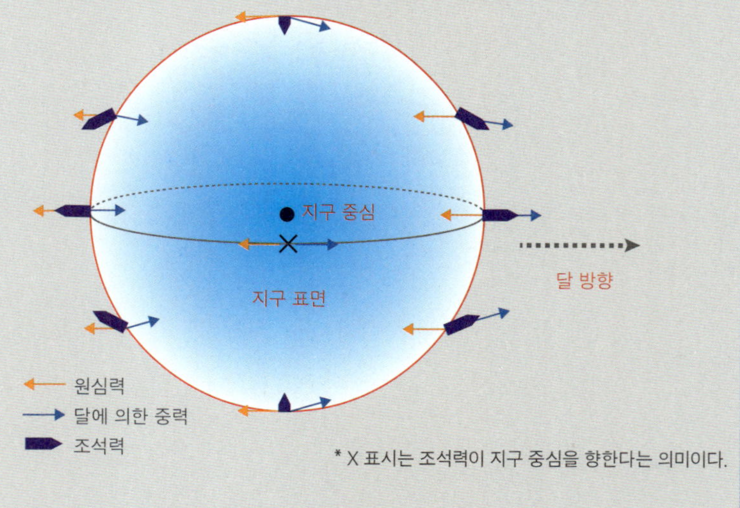

---

19 지구 자전이 느려지는 것은 우리가 사용하는 시계에 오차를 만들어내기 때문에 몇 년에 한 번씩 시간에 1초를 더하는 윤초를 사용하고 있다. 그래서 지난 2016년 12월 31일(그리니치 표준시 기준) 23시 59분 59초 다음에 23시 59분 60초의 윤초를 더한 후, 2017년 1월 1일 00시 00분 00초가 되었다.

하며 결과적으로 달이 점점 지구에서 멀어지게 됩니다.

이러한 세 가지 에너지는 지구 물질의 순환에 함께 나타나며 다양한 자연 현상을 일으킵니다.

탄소와 질소의 순환과 에너지 흐름

탄소는 생명체를 구성하는 탄소 화합물의 중심이 되는 원소입니다. 탄소는 다양한 형태의 화합물로 변화하면서 지구 시스템의 여러 권역을 빠르게 혹은 느리게 순환합니다.

대기 중에서는 주로 이산화 탄소(CO_2)의 형태지만 비에 녹아 수권으로 오면 대개 탄산(CO_3^{2-})의 형태로 존재합니다. 수권에서는 칼슘과 반응하여 탄산 칼슘($CaCO_3$)을 만들어 생물권으로 이동해서 생명체의 골격을

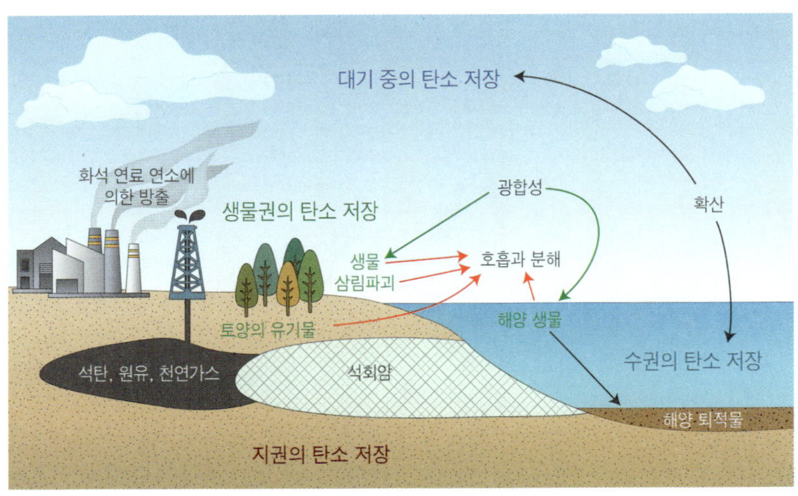

지구 시스템에서의 탄소 순환

만들기도 하고 방해석의 형태로 침전되어 지권으로 이동하기도 합니다.

한편 광합성에 의해 기권의 탄소는 생물권으로 이동하기도 하는데, 이 생물이 화석화 작용으로 석탄이 되면 지권으로 이동합니다. 지권의 탄소는 암석의 풍화나 화석 연료 사용으로 인해 다시 기권으로 순환합니다. 이런 과정에는 태양 에너지나 지구 내부 에너지가 주로 사용됩니다.

질소는 탄소와 함께 생명체의 필수 성분인 아미노산을 이루는 핵심 원소입니다. 질소는 자연에서 여러 가지 형태로 존재하는데 대기 중에서는 질소 분자(N_2)로 존재하며 암모니아(NH_3)와 산화 질소(NO)의 형태로도 존재합니다.

대기 중의 질소는 해수에 녹거나 번개에 의해 산화된 다음 비에 녹아 지권이나 수권으로 이동하며, 토양이나 바다에 서식하는 질소 고정 박테리아에 의해 산화되기도 합니다. 이 과정에서도 역시 태양 에너지와 지열 에너지가 주로 작용합니다.

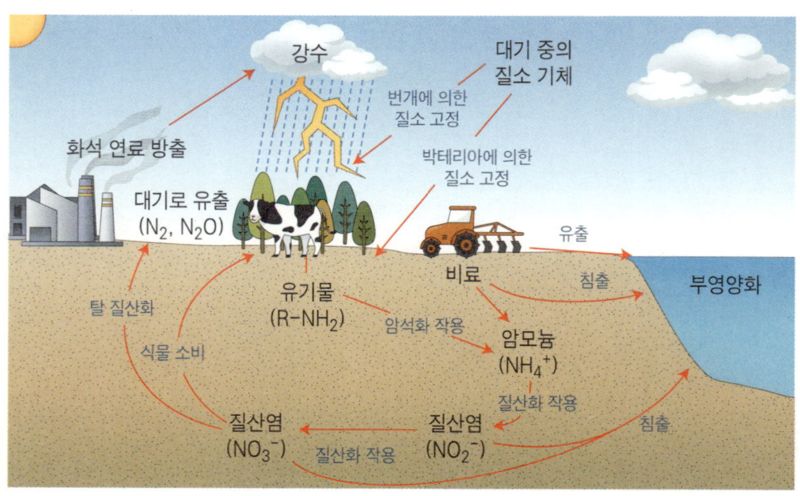

지구 시스템에서의 질소 순환

황사는 물질 순환에 어떤 영향을 미칠까?

먼지가 많으면 눈이 뻑뻑해지고 재채기가 나오고 주변 환경도 더러워지지요. 먼지는 다양한 경로로 생성되는데 사막의 먼지, 바다의 소금 입자, 꽃가루 등이 주요 원인이었다가 최근에는 공장이나 자동차에서 배출되는 미세 먼지가 여기에 더해졌습니다.

전 세계 먼지 양의 80~90%는 사막의 먼지이며 이 가운데 3분의 2가 아프리카 사하라에서, 나머지는 중국, 몽골, 중동, 미국과 호주의 사막 등에서 발생한다고 합니다.

인간을 포함해 지구의 생물들은 오랜 진화 과정에서 이러한 흙먼지를 걸러낼 수 있도록 적응해 왔습니다. 덕분에 흙먼지 대부분은 코털이나 기관지 점막에서 걸러지거나 몸 밖으로 배출됩니다. 그래서 노약자가 아닌 한 황사가 큰 문제가 되지 않았습니다.

흙먼지는 지구 전역으로 퍼져나가는데, 철을 포함한 미네랄 성분은 바다 먹이 사슬에서 필수적인 식물성 플랑크톤의 번식에 영향을 줍니다. 바다에 공급되는 대부분의 철분은 사막에서 발생한 흙먼지 안에 담겨 있습니다. 사하라 사막의 먼지 일부는 바람을 타고 대서양까지 이동합니다. 이 과정에서 일부는 해양에 양분을 공급하고, 일부는 대서양을 건너 중남미의 열대 우림까지 도달합니다. 인산염을 함유한 사하라 흙먼지는 대서양 건너편 열대 우림의 생태계를 더욱 번성하게 하지요.

중국과 몽골의 사막과 건조 지대에서 강한 바람에 날리는 황사도 흙먼지입니다. 황사는 발원지에서 3분의 1 정도가 가라앉고, 주변 지역에 일부가 가라앉으며, 절반 정도는 멀리까지 이동합니다. 중국을 벗어난 황사는 첫 번째로 한반도에 영향을 미칩니다.

우리나라 토양의 대부분은 산성화되어 있으며 특히 도시 토양은 산성도가 더 심합니다. 산성 토양에서는 유기물을 분해하는 미생물이 줄어 영양분을 제대로 만들지 못하여 농사에 어려움이 생기지요. 황사는 대부분 알칼리 성분이므로 산성 토양을 중화하는 데 크게 기여합니다.

즉, 황사 덕분에 우리나라에서 농사를 지을 수 있는 토양의 상태가 어느 정도 유지된다는 것입니다. 또한 황사 일부는 알칼리 성분을 태평양에 공급하여 태평양의 생태계에 큰 영향을 주고 있습니다.

그런데 최근 중국 동부의 황해 연안에서 산업화가 진행되면서 공장 지대의 오염 물질이 황사에 섞이고 있습니다. 기존에 생태계가 경험하지 못했던 오염된 황사가 발생한 것입니다. 이로 인해 이 지역의 생태계와 인간의 삶은 크게 영향을 받게 되었습니다.

권역의 상호 작용과 엘니뇨 현상을 일으키는 에너지 흐름

지구 시스템 하위 권역의 상호 작용은 직접적으로 보면 두 개 권역의 상호 작용으로 볼 수도 있습니다. 예를 들어 광합성은 생물권과 기권의 상호 작용이지요. 그런데 조금 더 깊이 들어가 보면 상호 작용은 훨씬 더 복잡하게 일어납니다.

광합성을 하는 식물은 지권에 뿌리를 내리고 살고 있습니다. 그리고 지권에 포함된 수권인 지하수를 뿌리로 빨아올려 광합성에 필요한 물을 얻습니다. 빛은 외권인 태양 복사 에너지에서 얻습니다. 광합성 하나만 보더라도 지구 시스템의 모든 권역이 상호 작용하고 있는 것입니다.

해안 지형도 일반적으로 수권과 지권의 상호 작용으로 암석이 침식되어 만들어진다고 알려져 있습니다. 그런데 수권의 파도는 기권의 바람에 의해 발생합니다. 바람은 외권인 태양 복사 에너지에 의해 지표면의 불균 등 가열이나 다른 조건에 의해 발생합니다. 규모도 크지 않고 속력도 느리지만 생물에 의해 지권이 침식되는 경우[20]도 있습니다.

적도 주변 태평양의 동쪽에 위치한 페루 연안에서는 적도 지방의 무역풍에 의해 표층의 해수가 서쪽으로 이동합니다. 그러면서 표층 해수가 부족해져 심층의 물이 상승하는 용승 현상이 일어나지요. 상승하는 해수는 중력에 의해 심층으로 가라앉던 무기 염류를 다시 끌어올립니다. 해수 표층의 플랑크톤들은 이 물질을 섭취하고 살아갑니다.

이렇게 무기 염류가 상승하는 곳에서는 다량의 플랑크톤이 번식하게 되고 이를 먹는 물고기들도 늘어납니다. 그래서 페루 연안과 같은 용승 해역은 세계적인 어장이 되는 것입니다.

그런데 이 지역에서 몇 년에 한 번 어획량이 급감하는 엘니뇨가 나타나곤 합니다. 이 경우 무역풍과 용승의 약화가 나타나는 것을 확인할 수 있습니다. 엘니뇨 현상이 미치는 영향은 동태평양의 페루 연안을 넘어섭니다. 그 지역은 평소에도 용승에 의해 찬 해수가 올라와 서태평양에 비해 수온이 낮습니다. 그래서 고온의 서태평양에서는 상승 기류가, 고온의 동태평양에서는 하강 기류가 나타나면서 하나의 적도 순환을 만듭니다.

고온의 서태평양에서는 비가 잦고 저온의 페루 연안은 맑은 날씨가 나타납니다. 적도 주변 태평양에서의 해수 표층과 심층 사이의 물질 순환으로 에너지는 고르게 분포되고, 이는 지구 전역에 영향을 미칩니다.

---

20 해안 암석에 구멍을 뚫고 들어가 사는 천공조개(boring shell)가 그 예다. 이들은 외부로부터 자신을 보호하기 위해 어릴 때 암석에 자리를 잡고 성장하면서 조금씩 암석을 파 공간을 넓히며 살아간다.

암석에 구멍을 뚫는 조개와 지질학의 만남

세라피스(당대 로마인들이 숭배한 이집트신) 사원으로 알려져 있는 세라페움(serapeum)은 약 2000년 전에 로마 부자들의 스파 센터와 시장을 만들기 위해 건립을 시작했으나 사원으로 변경된 건축물이다. 이후 이 지역의 해수면이 몇 차례 오르내리며 사원의 기둥이 해수에 몇 번 잠겼다. 기둥에서 약간 어둡게 보이는 부분은 기둥이 해수에 잠긴 시기에 구멍을 뚫고 사는 조개(천공조개)가 남긴 것이다.

이 사원 기둥의 맨 아래층 4m 정도에는 천공조개 흔적이 없는데, 지질학자인 찰스 라이엘(Charles Lyell)은 기둥 아래가 화산재로 덮여 있었기 때문이라고 보았다. 그의 예측은 사실이었다. 실제 이 사원 아래를 덮고 있던 퇴적물은 라이엘이 방문하기 80년 전인 1749년에 제거되었다. 라이엘은 이런 지질학적 과정을 확대하여 산맥이나 계곡 등 지질 경관도 동일한 과정을 거쳐 만들어졌다고 보았다.

그런데 엘니뇨가 나타나면 용승이 일어나지 않아 동태평양의 수온이 상승하여 기존의 적도 순환이 변하게 됩니다. 적도 주변 국가들의 기상 패턴에 변화가 생기며, 이는 다른 고위도 지방까지 영향을 미쳐 마침내

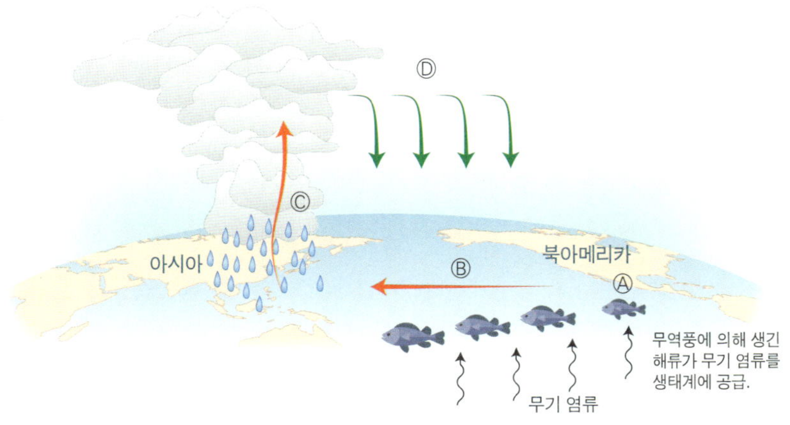

엘니뇨가 나타나기 전 정상적인 상태의 적도 순환
Ⓐ 따뜻한 해양에서의 물의 증발로 하층 대기가 습해짐. Ⓑ 무역풍이 수증기를 서쪽으로 이동.
Ⓒ 습한 공기가 상승해 비로 내림. Ⓓ 건조 공기가 냉각되어 하강함.

전 지구적인 영향을 줍니다.

지금까지 기권과 수권의 상호 작용을 포함하는 물질의 순환과 에너지 흐름에 대해 알아보았습니다. 지구 시스템을 구성하는 하위 권역들은 끊임없이 수많은 물질들을 교환하고 있으며 이 과정에서 태양 에너지, 지구 내부 에너지, 조력 에너지 등이 사용됩니다.

물질 교환이나 에너지 흐름의 변화로 인해 나타나는 현상에 대해서도 알아보았습니다. 이로써 지구 시스템은 매우 복잡한 시스템으로 우리가 알지 못하는 수많은 상호 작용이 일어나고 있음을 알게 되었지요.

과거에 냉장고용 냉매 프레온을 생산할 때는 인간에게 안전하고 자연에 해가 되지 않는다고 판단했습니다. 프레온이 성층권에서 분해되어 오존층을 파괴할지 전혀 몰랐던 것입니다. 지금은 플라스틱을 대량으로 사용하면서 미세 플라스틱의 공포에 직면해 있습니다. 또한 현재까지는 특별한 피해가 없다고 말하는 유전자 변형 식품(GMO)을 대량으로 생산하고 있습니다.

이러한 일들이 지구 시스템에 어떤 영향을 미칠지는 아직 정확히 알지 못합니다. 따라서 지구 시스템 속에서 살아가는 우리는 임의로 시스템 내부의 물질 순환이나 에너지 흐름에 개입해서는 안 됩니다. 신중하고 겸손하게 지구 시스템 속에서 살아가는 지혜를 발휘해야 할 것입니다.

3 지권의 변화를 설명하는 판 구조론

지진, 진도, 지진 규모, 화산, 판 구조론 , 발산형 경계, 보존형 경계, 수렴형 경계

2017년 11월 대학수학능력시험이 있기 하루 전 오후, 대한민국 전역은 거대한 지진의 힘을 실감할 수 있었습니다. 수많은 사람들이 지진의 공포에 시달렸고, 시험이 1주일 연기되는 일까지 벌어지는, 기억하기 싫은 경험이었지요. 멀리 떨어진 일본에서나 일어나는 일로 여겼던 지진을 직접 겪으면서, 지진에 대한 우리의 생각도 많이 바뀌는 계기가 되었습니다.

2018년 9월엔 남한과 북한의 정상이 백두산에 오르고 천지 주변을 산책하는 일이 있었습니다. 남한의 산을 대표하는 한라산의 물과 북한의 산을 대표하는 백두산의 물을 섞는 모습도 보여주었지요. 한라산과 백두산은 한반도의 남과 북에 위치한 대표적인 화산입니다.

한때는 분화가 가까워졌다는 기사로 우리의 관심을 끌었던 백두산은 고려 시대에 대규모 분화를 하면서 엄청난 화산재를 뿜어냈고, 정상부가

붕괴되면서 칼데라가 형성되어 천지가 만들어졌습니다.

지진과 화산은 지구의 내부 에너지가 방출되는 대표적인 현상입니다. 이번 장에서는 지진과 화산을 포함하여 지권의 변화를 판 구조론적인 관점에서 알아보겠습니다.

지진을 설명하는 방식, 규모와 진도

지진이 발생하면 언론에서는 "규모 얼마의 지진이 발생했다", "진도 얼마의 지진이 발생했다"라고 보도합니다. 여기서 지진 규모와 진도의 차이는 무엇일까요?

지진 규모는 지진에서 방출되는 에너지를 수치화한 것으로 1935년 지진학자 찰스 리히터(Charles Richter)가 제안한 방식입니다. 그의 이름을 따서 리히터 규모라고도 하지요. 리히터 규모가 1.0 증가하면 지진에서 방출된 에너지는 $10^{1.5}$, 약 30배 증가합니다. 이는 지진 규모 1.0의 차이가 나는 지진에서 방출된 에너지는 30배 차이가 난다는 뜻입니다. 따라서 규모 7.0의 지진은 규모 6.0의 지진보다 30배 강하고, 규모 5.0의 지진보다 900배 강하지요.

그러나 큰 지진이 발생한다 하더라도 멀리 떨어진 지역에서는 잘 느끼지 못합니다. 이와 같이 특정 지역의 지반이 흔들리는 정도를 진도라고 합니다. 진도는 지진을 자주 겪는 나라(미국, 일본, 인도, 이스라엘, 필리핀, 타이완, 러시아, 중국 등)에서 각자 사정에 맞게 기준을 정해 사용하고 있습니다.

지진의 진도에 대한 기준이 없었던 우리나라는 2000년까지는 일본 기상청에서 사용하는 진도 계급을 사용하였으나, 2001년부터는 미국 등지에서 사용하고 있는 수정 메르칼리 진도 계급을 사용하고 있습니다.

아래는 수정 메르칼리 진도 계급의 일부 내용입니다.

I. (느끼지 못함) 미세한 진동. 특수한 조건에서 극히 소수 느낌.

III. (약함) 실내에서 소수 느낌. 매달린 물체가 약하게 움직임.

IV. (가벼움) 실내에서 다수 느낌. 실외에서는 감지하지 못함.

V. (보통) 건물 전체가 흔들림. 물체의 파손, 뒤집힘, 추락. 가벼운 물체의 이동.

VI. (강함) 똑바로 걷기 어려움. 약한 건물의 회벽이 떨어지거나 금이 감. 무거운 물체의 이동 또는 뒤집힘.

VIII. (심각함) 차량 운전 곤란. 일부 건물 붕괴. 사면이나 지표의 균열. 탑·굴뚝 등의 구조물 붕괴.

X~XII. (극심함) 건물과 구조물 파괴. 대규모 사태. 지면이 파도 형태로 움직임. 물체가 공중으로 튀어 오름.

진도는 지진 규모와 구분하기 위해 로마자를 사용합니다. 그러나 읽을 때는 숫자로 읽기 때문에 앞에 진도나 지진 규모라는 말을 붙여서 구분하는 것이 좋습니다. 수치를 말할 때 지진 규모는 소수점 첫째 자리까지 반드시 표기하며 진도는 정수로만 표기하여 구분합니다.

화산은 왜 여러 가지 모양일까?

화산은 지하의 마그마가 지각을 뚫고 올라와 화산 분출물을 쌓아 형성된 지형입니다. 화산의 활동 여부에 따라 현재 활동 중인 활화산, 지금은 활동하지 않지만 역사에는 활동 기록이 남아 있는 휴화산, 역사에 기록되기 전에만 활동한 사화산으로 분류하기도 합니다. 그러나 과학자들이 관심을 가지는 분류는 이보다는 마그마의 종류에 따른 화산의 분화 형태와 화산체의 형태입니다.

마그마의 점성은 마그마의 종류에 의해 결정되는데, 크게 현무암질 마그마와 유문암질 마그마로 구분합니다.

현무암질 마그마는 맨틀 물질이 녹아 만들어진 마그마로, 지구상의 대부분 마그마가 이로부터 시작합니다. 현무암질 마그마는 점성이 작아 유동성이 크고 기체 함량이 적습니다. 따라서 폭발적인 활동을 하기보다는 조용하게 분화하며 화산 가스와 용암을 분화구 밖으로 내보냅니다. 흘러나온 용암은 빠르게 흘러 화산체의 경사가 완만합니다. 그래서 마치 방패를 엎어놓은 것 같은 순상화산을 만들게 됩니다. 대표적인 순상화산은 하와이의 마우나로아 화산입니다.

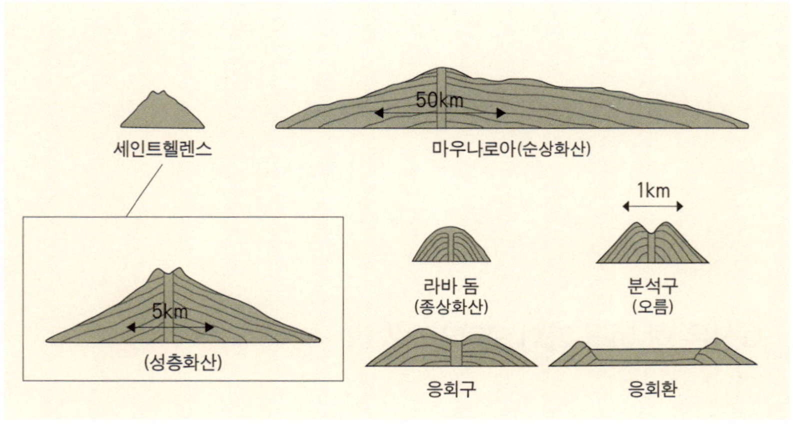

다양한 화산체의 형태와 크기 비교

유문암질 마그마는 현무암질 마그마에 비해 점성이 커 유동성이 작고 기체 함량이 높습니다. 따라서 폭발적인 분화를 하여 다량의 화산 가스와 화산재를 뿜어내는데, 상대적으로 용암의 양은 적고 흘러나온 용암도 멀리 흐르지 못해 경사가 급한 화산체를 만듭니다. 그리고 화산체에는 용암뿐 아니라 화산재도 함께 쌓여 성층화산을 만들지요. 대표적인 성층화산은 미국의 세인트헬렌스 화산, 필리핀의 피나투보 화산입니다.

왼쪽 그림은 다양한 화산체의 형태를 나타낸 것입니다. 우리나라 제주에 300여 개가 넘게 분포하는 오름의 경우 대부분 분석구입니다. 분석구는 화산에서 분출된 스코리아(제주에서는 '송이'라고 부름)라고 부르는 암석들이 쌓여 만들어진 경사가 급한 화산체입니다. 제주 동부의 성산일출봉은 화산재가 쌓여서 만들어진 화산으로 경사가 조금 급한 편인데, 이러한 화산을 응회구라고 합니다. 제주 남서부의 송악산은 화산재가 완만한 경사로 쌓인 화산으로, 응회환[21]이라고 합니다.

지질시대 화산 활동이 남긴 영향

지구가 처음 만들어졌을 때는 온도가 상당히 높았을 것입니다. 화산 활동이나 판의 운동도 지금보다 활발했겠지요. 그렇다면 이러한 화산 활동은 과거의 환경과 생물에 어떤 영향을 미쳤을까요?

2억 5000만 년 전인 고생대 말에는 러시아의 시베리아에서 용암이 분

---

21 '구(cone)'는 화산 쇄설물이 급한 경사로 쌓인 화산체를 말하고 '환(ring)'은 화산 쇄설물이 완만한 경사로 쌓인 화산체에 붙이는 용어다.

다음 분화를 준비 중인 화산이 있다?

일반적으로 유문암질 마그마가 분출하면 점성이 커서 종상화산을 만든다. 그런데 이를 다르게 생각해 볼 필요가 있다. 유문암질 마그마는 점성도 크지만 기체 함량도 높아서 폭발적인 분출을 한다. 따라서 대부분의 물질을 화산재로 내보내고 성층화산을 만든다.

세인트헬렌스 화산의 라바 돔(연기가 분출되고 있는 검은 부분)

폭발적인 분화가 한 번 끝나면 지하 마그마 저장소의 남은 마그마나 새로 채워지는 마그마가 조금씩 지표의 틈을 따라 올라오는 경우가 있다. 이 마그마는 폭발력이 약해 기존 화산체의 중앙에 용암을 쌓게 되는데 이렇게 형성되는 것이 일반적으로 말하는 종상화산, 라바 돔(Lava Dome)이다.

1980년 5월 18일에 폭발적으로 분화한 미국의 세인트헬렌스 화산의 경우에도 이후 분화구 중앙에 라바 돔이 성장하며 다음 분화를 준비하고 있다. 언젠가 이 라바 돔에서 다시 분화가 일어날 것이다.

출하여 호주 면적의 절반에 해당하는 넓은 지역을 용암으로 뒤덮었습니다. 이때 나온 화산재가 햇빛을 차단해 기온을 떨어뜨렸고, 화산 분출물과 함께 나온 이산화 탄소가 이후에도 대기에 잔류하면서 온실 효과를 일으켜 고생대 마지막 시기 대멸종인 페름기 대멸종을 일으킨 것으로 보고 있습니다. 이렇듯 화산 활동은 기후를 단기적으로 차갑게 하고 장기적으로는 따뜻하게 합니다.

일반적으로 무거운 물질인 화산재는 1년 정도 대기에 머물다가 낙하한

다고 알려져 있습니다. 화산 활동으로 대기에 공급된 화산재는 1년 정도
면 영향이 없어지는 것입니다. 대신 화산 활동으로 공급되는 수증기는 기
체 상태로 대기에 상당 기간 동안 머물 수 있습니다.

대규모 화산 활동은 약 2억 년 후인 중생대 말에도 일어났습니다. 중생
대 말 운석 충돌이 대멸종을 일으킨 것으로 알려져 있는데, 이 흔적이 멕
시코의 유카탄 반도에서 발견되었습니다. 같은 시기에 멕시코의 정반대쪽
에 위치한 인도의 데칸 고원에서 대규모 화산 활동이 일어났습니다. 운석
충돌에 화산 활동까지 일어나 급격한 환경 변화가 생긴 것이지요.

1991년 6월 필리핀 피나투보 화산에서 강력한 폭발이 발생했습니다.
이때 방출된 2000만 톤의 이산화 황이 대류권을 지나 성층권의 35km
높이까지 올라간 것으로 연구되었습니다. 이 이산화 황은 낮은 온도에서
얼음으로 변해 머물렀고, 이후 1~3년 동안 햇빛을 10%가량 반사시켜 지
구 평균 기온을 0.2~0.5℃ 정도 떨어뜨렸다고 알려졌습니다.

인류가 배출한 온실 기체 때문에 일어난 지구 온난화로 100년간 기온
이 0.8℃ 정도 상승한 것과 비교하면, 피나투보 화산 폭발은 상대적으로
단기간에 강하게 작용했음을 알 수 있지요.

판 구조론이란

대륙의 이동, 화산 활동, 지진, 대규모 산맥 형성 등은 살아 있는 지구
의 모습을 보여줍니다. 이러한 지구의 활동을 종합적으로 설명하는 이론
적 체계가 바로 판 구조론입니다.

판 구조론은 1910년대 알프레드 베게너(Alfred Wegener)의 대륙이동

설에서 시작되었습니다. 여기에 1950년대 이후 과학기술의 발전에 따라 발견된 다양한 지질학적 증거를 종합하여 1970년대에 확립된 이론이 판 구조론입니다. 지구 표면에서 나타나는 지진, 화산 활동, 습곡 산맥 형성 등 다양한 현상을 설명하는 판 구조론은 이후에도 지속적인 수정을 거쳐 발전하면서 지질학 분야의 가장 큰 이론 중 하나로 성장했습니다.

판 구조론에 따르면 지구 내부의 가장 바깥 부분은 100km 정도 두께의 딱딱한 암석권(판)으로 이루어져 있고 그 아래에는 유동성을 가진 연약권이 있습니다. 암석권은 연약권 위에 떠 있으며, 지구 표면은 아래 그림과 같이 10여 개의 주요 판으로 나누어져 있습니다.

암석권은 지각과 맨틀의 최상부로 구성되는데, 해양 지각과 맨틀로 된 해양판, 대륙 지각과 맨틀로 된 대륙판으로 구분할 수 있습니다. 해양 지각은 현무암으로, 대륙 지각은 화강암으로 구성되어 있습니다.

많이들 오해하는 것 중의 하나가 현무암이 구멍이 많아 화강암보다 밀

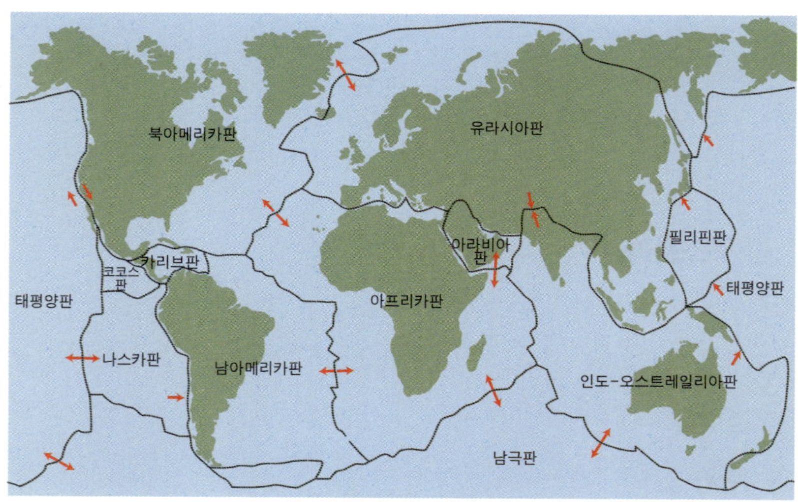

전 세계 판의 분포와 이동 방향

도가 낮을 것이라는 생각입니다. 물론 사실이 아닙니다. 현무암이 검은색을 띠는 것은 밀도가 큰 철이나 마그네슘이 포함되었기 때문입니다. 현무암은 화강암보다 밀도가 크고, 따라서 해양판이 대륙판보다는 밀도가 큽니다.

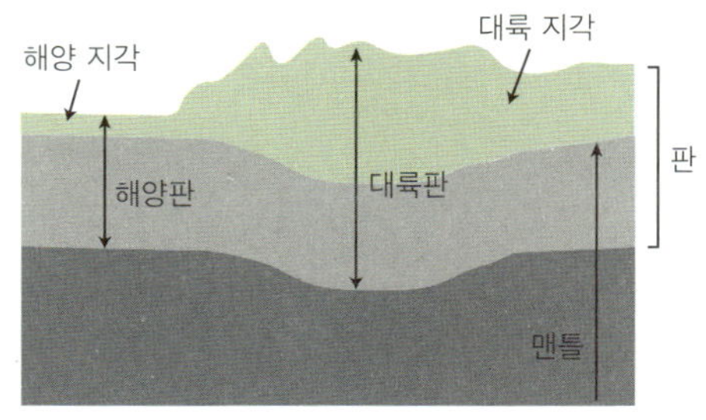

대륙판과 해양판의 구조

그렇다면 북아메리카판은 대륙판일까요, 해양판일까요? 대부분의 대륙판은 주변에 해양 지각으로 된 부분이 있습니다. 그래서 대륙판이라고 부르지만 해양판의 성격을 가진 부분이 많이 포함되어 있습니다. 한편 태평양판이나 필리핀판 같은 해양판은 대륙 지각이 거의 존재하지 않고 순수한 해양 지각만으로 된 해양판입니다.

판은 발산형 경계에서 생성되어 좌우로 확장되어 나가며, 수렴형 경계에서 섭입[22]하거나 충돌합니다. 보존형 경계는 판이 생성되거나 소멸하지 않는 경계를 말합니다. 발산형 경계를 확대한 그림을 보면 해령에서 만들어진 해양판이 경계 좌우로 확장되어 나가는 모습을 볼 수 있습니다. 해령의 축이 약간 어긋난 곳에서는 두 판이 서로 다른 방향으로 어긋나 지나가는 보존형 경계에서 변환단층이 나타납니다.

해양판은 해령에서 만들어진 해양 지각과 맨틀로 이루어져 있습니다. 처음 만들어진 해양판의 밀도는 연약권보다 작지만 시간이 지나 식어가면서 차츰 밀도가 커져 연약권과 비슷해집니다. 따라서 해령에서 멀리 떨

---

22 판이 비스듬하게 경사를 이루며 다른 판 아래로 내려가는 것을 말한다.

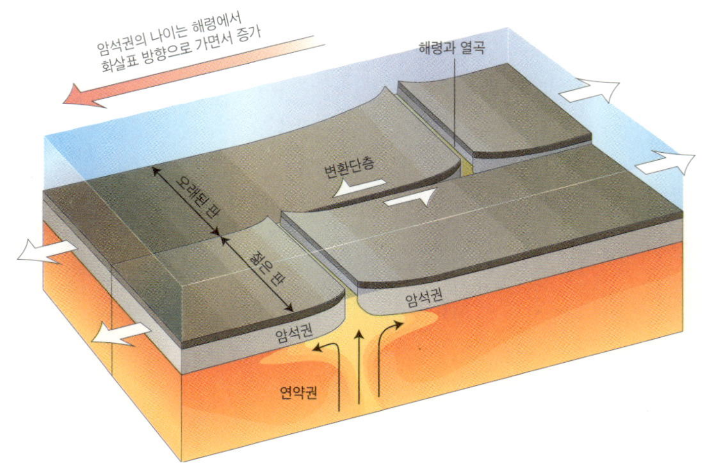

발산형 경계와 보존형 경계 주변의 세부 모습

열극은 판이 해령을 기준으로 좌우로 벌어지면서 단층이 만들어져 생긴 깊게 파인 골짜기다. 이러한 발산 경계가 육지에 나타난 예가 아프리카 북동부의 대규모 저지대인 동아프리카 열곡대다.

어진 오래된 해양판은 젊은 해양판에 비해 밀도가 큽니다.

한편 수렴형 경계는 해양판과 해양판, 해양판과 대륙판, 대륙판과 대륙판이 만나는 세 가지 경우가 있습니다. 해양판과 해양판이 만나면 밀도가 큰 오래된 해양판이 더 젊은 판 아래로 섭입하게 됩니다. 이 경우 섭입하는 해양판에 의해 생긴 마그마가 젊은 해양판을 뚫고 상승하면서 줄지어 화산섬을 만드는데, 이런 지형을 호상 열도라고 합니다. 남태평양의 피지나 통가와 같은 화산섬들이 대표적인 호상 열도(island arc)입니다.

해양판과 대륙판이 만나면 밀도가 큰 해양판이 대륙판 아래로 섭입하며 마그마가 대륙판을 뚫고 상승하면서 대륙 내에 화산을 만듭니다. 이를 대륙 화산호(continental volcano arc)라고 하며 안데스 산맥의 화산이나 일본의 화산이 여기에 해당합니다.

흔히 일본을 호상 열도라고 하지만 일본은 유라시아 대륙의 일부로 대

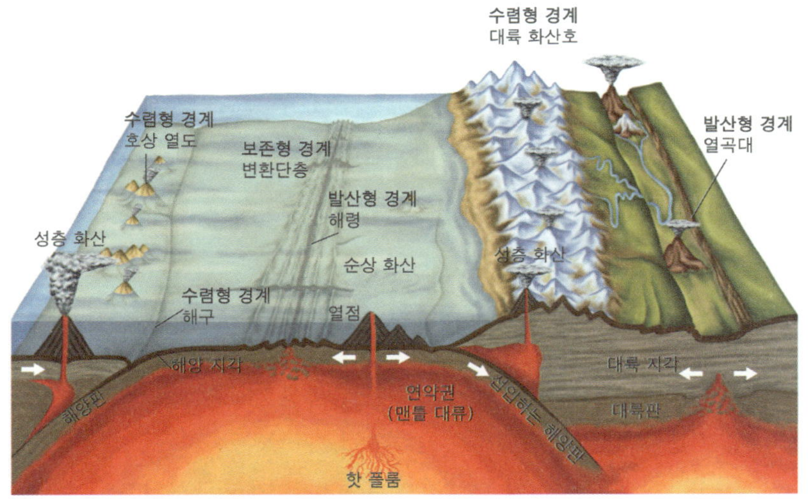

판의 경계에서 발달하는 다양한 지형과 명칭

류에서 떨어져 나와 생긴 섬에서 화산 활동이 나타나는 경우입니다.

대륙판과 대륙판이 만나는 경우에는 상황이 다릅니다. 밀도가 작은 화강암으로 된 대륙판은 서로 만나더라도 밀도가 큰 연약권 아래로 내려갈 수 없기 때문입니다. 따라서 서로 충돌하면서 습곡 산맥을 형성합니다. 마그마도 발생하지 않아 화산 활동도 거의 나타나지 않습니다. 히말라야 산맥이 대표적인 경우입니다.

지금까지 지진, 화산, 판 구조론에 대해 알아보았습니다. 판 구조론은 지구상에 나타나는 다양한 지질 현상을 하나의 체계로 설명하는 이론입니다. 물론 모든 현상을 완벽하게 설명하지는 못하지만, 지금도 계속해서 수정을 거치며 진보해 나가고 있지요. 이러한 과학적인 연구를 통해 우리는 재해로 다가올 수 있는 지진이나 화산에 대해 더 잘 이해하고 대비할 수 있을 것입니다.

바다의 해령은 주변보다 높은데 육지의 열곡대는 왜 낮은 골짜기일까?

해령은 해양에 존재하는 거대한 산맥이지만 육지에서 보는 습곡 산맥과는 전혀 기울기가 다르다. 대서양 중앙에 위치한 해령은 폭이 수천 km가 넘으면서도 높이는 몇 km에 불과하다.

해령은 아래 맨틀 대류의 상승에 의해 생기는 지형이므로 주변보다 지형이 높다. 그런데 이 해령의 중앙부에도 육지의 열곡대와 같은 골짜기가 존재한다. 새로 생긴 해양판이 좌우로 벌어지면서 생긴 열곡이 그것이다.

육지의 열곡대는 새로 맨틀 대류가 상승하면서 기존의 대륙판을 찢고 있는 지역이다. 따라서 위에 놓인 두꺼운 대륙 지각을 밀어 올리기에는 무리가 따른다. 그리고 판이 좌우로 찢어져 이동하면 그곳이 무너지면서 저지대가 만들어진다. 따라서 열곡대는 주변보다 낮은 골짜기 형태다.

그러나 이 역시 공간적인 규모는 우리가 생각하는 골짜기와는 다르다. 동아프리카 열곡대의 경우 골짜기의 깊이는 수 km가 안 되지만 폭은 수십 km에 이른다. 이곳은 저지대로 물이 풍부한 탓인지 인류의 조상인 고인류 화석, 루시가 발견된 곳이기도 하다.

동아프리카 열곡대와 같이 열곡대의 중앙에서 생성되는 판은 현무암으로 구성된 해양판이다. 열곡대가 성장하면 새로운 해양 분지가 만들어지고 중앙에서 해령이 성장한다. 지구상에 이런 모습을 가진 곳은 아프리카와 사우디아라비아 사이에 존재하는 홍해와 아덴만이다.

화산 분출로 인한 환경·사회경제적 피해의 종류를 조사하고, 지구와 생명 시스템 측면에서 피해를 줄이기 위한 대책 수립하기

우리나라의 자연 환경을 고려했을 때, 지진과 화산 분출은 다른 나라에서 일어나는 일로 여겨졌다. 그러나 지난 2017년 대학수학능력시험을 하루 앞두고 지진이 발생하여 수능이 일주일 연기되는 초유의 사태가 벌어지면서, 우리 사회는 지진에 대한 인식을 새롭게 하였다.

그 이후로도 우리나라 곳곳에서 크고 작은 지진이 잇따라 발생하면서 지진의 위험성과 대비의 필요성에 대한 인식이 확대되었다.

아무리 과학기술이 발달하더라도 지진은 예측이 불가능한 자연 현상이다. 이에 따라 일정 규모 이상의 지진이 발생했을 때, 데이터를 신속하게 처리해 지진 경보를 발령하고 피해를 줄일 수 있는 지진 경보 시스템을 여러 나라에서 개발해 운영하고 있다. 여러분도 종종 지진 발생 경보 문자를 받은 경험이 있을 것이다.

한편, 화산 활동은 지진에 비해 어느 정도 예측이 가능한 자연 현상이다. 과학자들은 화산 주변에 다양한 관측 기기를 설치하고, 지진 데이터를 활용하여 화산 아래 위치한 마그마의 움직임을 분석한다. 화산 활동이 일어나기 전에 나타나는 기체 방출이나 지각의 융기 같은 현상들을 정밀하게 파악하기도 한다. 축적된 정보를 바탕으로 화산 활동을 예측하고, 사전에 위험을 알려 피해를 줄이는 노력을 지속적으로 이어가고 있다.

5장

역학적 시스템,
힘과 운동은
어떻게 작용할까?

중력의 작용과 다양한 운동

일상생활에서의 충돌과 안전장치

중력의 작용과
다양한 운동

힘과 운동, 시스템, 역학적 시스템, 중력, 자유 낙하 운동, 수평으로 던진 물체의 운동

자동차가 도로 위를 달리고, 비행기가 하늘을 날며, 인공위성이 지구 주위를 도는 '운동'은 어떻게 일어나는 것일까요? 운동의 원인에 대한 궁금증은 2500년 전 기록에도 있습니다. 하지만 그에 대한 답은 갈릴레오와 뉴턴의 시대에 이르러 얻을 수 있었습니다. 이들의 발견이 없었다면, 자동차나 비행기, 인공위성은 등장할 수 없었을지도 모릅니다.

오래전에는 단순히 물체를 밀거나 당기는 일에 힘이 필요하다고 생각했습니다. 책상을 일정한 속력으로 움직이기 위해서는 계속 힘을 주어야 하고, 마차를 일정한 속력으로 끌려면 말이 계속해서 달려야 했으니 말입니다. 물체에 힘이 작용하지 않으면, 그 물체는 정지한다고 생각했죠.

아리스토텔레스 역시 이러한 관찰을 바탕으로 하나의 결론을 내렸습니다. 물체가 일정한 속력으로 움직이려면 일정한 크기의 힘이 계속 필요하

며, 따라서 힘이 작용하지 않으면 물체는 정지한다는 것이었습니다. 이는 겉보기에 우리의 일상적 경험과 잘 들어맞는 설명처럼 보였습니다. 우리 주변의 수많은 운동들이 그러해 보이니까요. 그러나 모든 운동이 이런 식으로만 설명되지는 않습니다.

예를 들어, 높은 곳에서 떨어뜨린 물체는 별다른 힘을 가하지 않아도 점점 빠르게 떨어집니다. 또한 태양과 달은 누군가 힘을 가하지 않아도 끊임없이 움직입니다. 이러한 현상들은 기존의 이론으로는 설명할 수 없었습니다.

자연 현상을 제대로 이해하기 위해서는 각각의 상황마다 다른 설명을 만들 것이 아니라, 하나의 이론으로 다양한 현상을 설명할 수 있어야 합니다. 이러한 도전은 갈릴레오와 뉴턴의 시대에 이르러서야 해결의 실마리를 찾았고, 이는 현대 문명의 기술적 발전을 가능케 한 토대가 되었습니다.

힘이 작용하지 않을 때 물체의 운동은?

아리스토텔레스 사후 약 2000년 동안 운동에 대한 이해는 큰 진척이 없었습니다. 그러다 17세기에 이르러 갈릴레오가 혁신적인 생각을 제시했습니다. "움직이는 물체는 가속이나 감속의 원인이 없는 한, 속도가 처음과 같이 유지된다"라는 것이었습니다. 이는 후대에 뉴턴이 정립한 운동 제1법칙, 즉 관성의 법칙의 토대가 되었습니다.

당시로서 매우 파격적인 이 생각은 갈릴레오의 세심한 관찰과 논리적 사고에서 비롯되었습니다. 갈릴레오는 빗면 실험으로 중요한 통찰을 얻었습니다. 빗면을 따라 내려가는 물체는 속력이 증가하고, 반대로 올라갈 때는 속력이 감소하는 모습을 관찰하면서, 수평면에서는 속력 변화가 없어야 한다고 추론했습니다. 실제로 물체가 수평면에서 점점 느려지는 것은 마찰 때문이며, 만약 마찰이 없다면 물체는 계속해서 움직일 것이라고 생각했습니다.

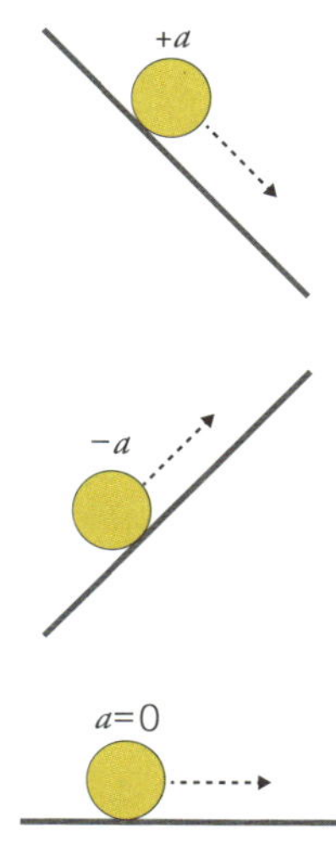

갈릴레오의 사고 실험 1

이러한 생각을 확장하여 갈릴레오는 유명한 사고 실험을 제시했습니다. 그는 마주 보는 두 빗면을 상상했습니다. 한쪽 빗면을 따라 굴러 내려간 공이 반대쪽 빗면에서는 거의 같은 높이까지 올라가는 현상을 관찰했습니다. 여기서 그는 마찰이 없다면 공이 정확히 같은 높이까지 올라갈 것이라고 추론했습니다.

더 나아가 갈릴레오는 반대쪽 빗면의 기울기를 점점 낮추면 어떻게 될지도 생각했습니다. 기울기가 작아질수록 공은 같은 높이에 도달하기 위해 더 멀리 굴러가야 합니다. 마침내 빗면이 수평이 되면, 공은 처음 높이에 도달하기 위해 영원히 운동해야 할 것입니다.

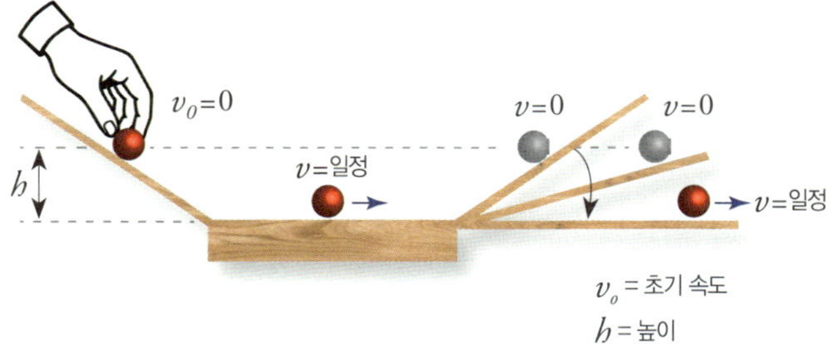

갈릴레오의 사고 실험 2

이러한 갈릴레오의 추론은 현대 과학 기술로 입증되었습니다. 오늘날 우리는 마찰과 공기 저항을 없앤 환경을 만들어 실험할 수 있습니다. 실제로 물체에 힘이 작용하지 않으면 정지 상태를 유지하거나 등속 직선 운동을 한다는 사실 또한 확인했습니다.

이제 우리는 자연스럽게 다음 질문을 떠올릴 수 있습니다. 물체에 일정한 힘이 작용하면 어떤 운동이 일어날까요?

일정한 힘이 작용할 때 물체의 운동은?

물체의 운동을 이해하기 위해서는 먼저 관성의 개념을 깊이 이해해야 합니다. 물체에 힘이 작용하지 않을 때 물체는 관성에 의해 현재의 운동 상태를 유지합니다. 즉, 정지해 있던 물체는 계속 정지하고, 움직이던 물체는 같은 속도로 계속 움직입니다. 이는 물체가 운동 상태를 유지하려는 성질, 즉 관성을 가지고 있기 때문입니다.

더 나아가, 관성은 물체의 속도가 변할 때도 작용합니다. 물체는 질량에 비례하는 관성을 가지며, 매 순간 현재의 속도를 유지하려 합니다. 따라서 물체의 속도를 변화시키기 위해서는 반드시 힘이 필요합니다. 그리고 일정한 속도 변화(가속도)를 만들어내기 위해서는 일정한 크기의 힘이 지속적으로 작용해야 합니다. 이것이 바로 뉴턴의 운동 제2법칙, 즉 가속도 법칙의 핵심입니다.

그렇다면 물체의 속도를 변화시키는 힘에는 어떤 것들이 있고, 이를 통해 무엇을 알 수 있을까요? 세상에는 중력, 마찰력, 탄성력, 전기력, 자기력 등 다양한 힘이 존재합니다. 이러한 힘들은 일정한 규칙에 따라 작용하는데, 이 규칙을 알면 물체의 운동이 어떻게 변하는지 예측하고 설명할 수 있습니다.

이러한 힘과 운동의 관계를 우리는 역학적 시스템이라는 큰 틀에서 이해할 수 있습니다. 역학적 시스템이란 힘에 의해 물체의 운동 상태나 모양이 변하는 체계를 말합니다. 여기서 '시스템'이란 각 구성 요소들이 일정한 규칙에 따라 상호 작용하면서 균형을 유지하는 집합을 의미합니다.

역학적 시스템에서 가장 중요한 힘 중 하나는 중력입니다. 중력은 모든 물체에 항상 작용하는 보편적인 힘이기 때문입니다. 지구 표면 근처에서는 물체에 작용하는 중력의 크기가 거의 일정하다고 볼 수 있으며, 이 크기는 물체의 질량에 비례합니다. 이때의 비례상수가 바로 중력 가속도입니다.

중력 가속도는 위치에 따라 조금씩 달라질 수 있지만, 같은 위치에서는 물체의 종류나 크기에 관계없이 동일한 값을 가집니다. 이것을 단위 질량당 작용하는 중력, 즉 중력장이라고 부릅니다. 지구 표면에서 이 값은 약 9.8 m/s^2입니다.

자유 낙하 운동은 이러한 중력의 작용을 가장 명확하게 보여주는 예입니다. 공기 저항을 무시할 수 있다면, 물체는 오직 중력의 작용만으로 운동하게 됩니다. 뉴턴의 운동 제2법칙에 따르면, 이 경우 물체에 작용하는 힘이 중력 mg뿐이므로 알짜힘 $F_{알짜}$가 곧 중력 mg가 되어 $F_{알짜}=mg$가 되고, $F=ma$는 $mg=ma$가 되어 $a=g$, 즉 물체의 가속도와 중력 가속도가 정확히 같아집니다. 이는 물체의 질량이나 형태에 관계없이 성립합니다.

다중섬광사진으로 이러한 운동을 관찰하면, 물체의 위치 간격이 점점 커지는 사실을 확인할 수 있습니다. 이는 물체의 속력이 시간에 따라 일정하게 증가하는 모습을 보여줍니다. 인접한 거리 차이가 일정하게 늘어나는 현상은 가속도가 일정하다는 사실을 의미합니다.

　이처럼 일정한 힘이 작용하는 물체는 일정한 가속도 운동을 합니다. 그리고 이러한 운동은 뉴턴의 운동 법칙으로 정밀하게 예측하고 설명할 수 있습니다. 이러한 이해는 로켓 발사부터 일상적인 물체의 낙하까지, 다양한 현상을 설명하는 기초가 됩니다.

시간 t (s)	이동 거리 $y=\frac{1}{2}gt^2$ (m)	구간 거리 $\triangle y=\frac{1}{2}g(t_n^2-t_{n-1}^2)$	구간 평균 거리 $v=gt$ (m/s)	구간 간 가속도 a (m/s^2)
0.0	0.000			
		0.049	0.98	
0.1	0.049			9.8
		0.147	1.96	
0.2	0.196			9.8
		0.245	2.94	
0.3	0.441			9.8
		0.343	3.92	
0.4	0.784			9.8
		0.441	4.90	
0.5	1.225			9.8
		0.539	5.88	
0.6	1.764			9.8
		0.637	6.86	
0.7	2.401			9.8
		0.735	7.84	
0.8	3.136			9.8
		0.833	8.82	
0.9	3.969			9.8
		0.931	9.80	
1.0	4.900			

자유 낙하 다중섬광사진(0.1초 간격)

수평 운동과 수직 운동의 독립성

앞서 우리는 중력이 물체를 연직 아래 방향으로 일정하게 가속시킨다는 사실을 배웠습니다. 이제 더 흥미로운 질문을 살펴보겠습니다. 중력장 안에서 물체가 수평 방향으로 움직일 때는 어떤 일이 일어날까요?

이를 이해하기 위해 간단한 실험을 생각해 봅시다. 같은 높이에서 한 공은 가만히 떨어뜨리고, 다른 공은 수평으로 던져보는 것입니다. 다중섬광사진으로

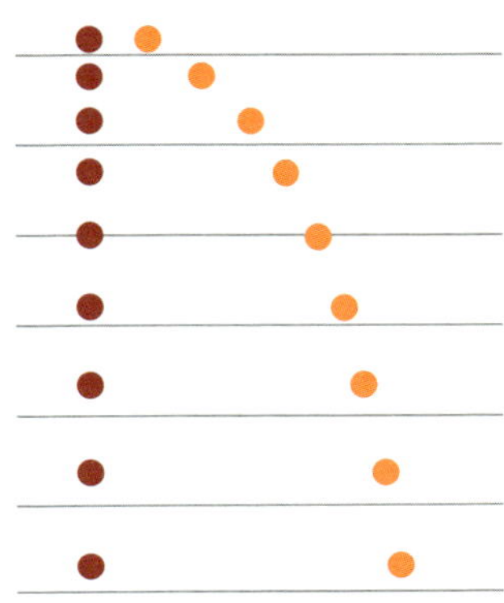

두 공을 동시에 자유 낙하시키거나 수평으로 던졌을 때의 다중섬광사진

이 두 공의 운동을 관찰하면 매우 흥미로운 사실을 발견할 수 있습니다.

첫째, 두 공의 연직 방향 운동은 완전히 동일합니다. 즉, 수평으로 던진 공이라도 연직 방향으로는 가만히 떨어뜨린 공과 정확히 같은 모습으로 떨어집니다. 이는 지표면 근처에서는 중력이 오직 연직 방향으로만 작용하며, 그 크기가 일정하다는 사실을 보여줍니다.

둘째, 수평으로 던진 공의 수평 방향 운동을 보면, 일정한 시간 간격마다 같은 거리를 이동하는 모습을 관찰할 수 있습니다. 이는 수평 방향에는 외력이 작용하지 않으므로, 관성에 의해 초기 수평 속도가 그대로 유지된다는 사실을 의미합니다.

이러한 관찰로부터 우리는 중요한 원리를 발견할 수 있습니다. 바로 '운동의 독립성 원리'입니다. 수평 방향의 운동과 연직 방향의 운동은 서로 완전히 독립적으로 일어납니다. 각 방향의 운동은 오직 그 방향으로 작용

하는 힘에 의해서만 영향을 받습니다. 이 원리를 직관적으로 이해하려면, 자유 낙하하는 물체의 연속 사진을 수평 방향으로 배열해 보세요. 흥미롭게도 이렇게 만들어진 궤적은 수평으로 던진 물체의 실제 운동 궤적과 정확히 일치합니다. 이는 두 운동이 수직 방향으로 동일한 중력을 받고 있기 때문입니다.

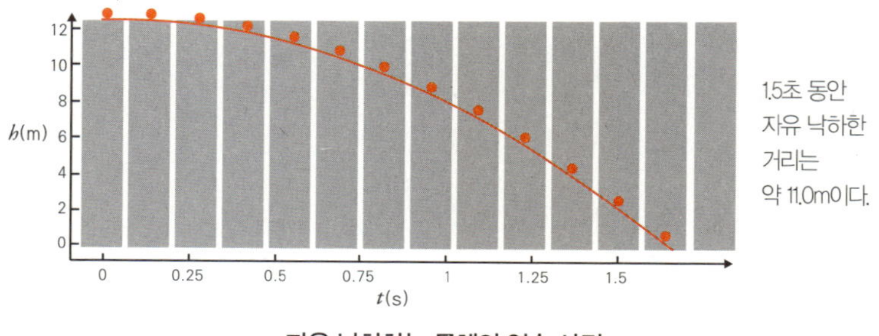

자유 낙하하는 물체의 연속 사진

이러한 이해는 우리에게 새로운 질문을 던집니다. 지구의 중력은 모든 물체를 지표면으로 끌어당기는데, 왜 달은 지구로 떨어지지 않는 것일까요? 이는 우리가 지금까지 배운 운동의 원리들을 한 단계 더 발전시켜야 이해할 수 있는 문제입니다.

인공위성이 지구 궤도에 진입하는 원리

뉴턴의 탁월한 통찰은 일상적인 물체의 낙하 운동과 천체의 운동이 동일한 원리로 설명될 수 있다는 사실을 보여주었습니다. 그의 사고 실험을 따라가보면 이 놀라운 연결고리를 이해할 수 있습니다.

높은 산꼭대기에서 물체를 수평 방향으로 던지는 상황을 상상해 봅시다. 물체에는 두 가지 운동이 동시에 일어납니다. 하나는 수평 방향의 등속 운동이고, 다른 하나는 중력에 의한 연직 방향의 낙하 운동입니다. 물체를 더 빠른 속력으로 던질수록 수평 거리가 늘어나 더 멀리 떨어집니다.

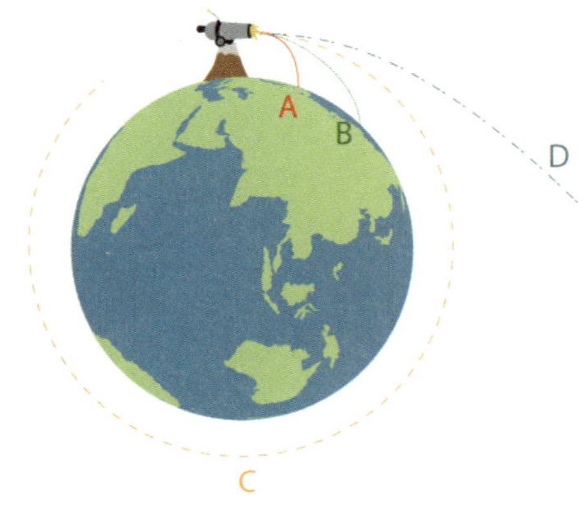

뉴턴의 대포 실험

이 사고 실험을 통해 뉴턴은 매우 흥미로운 가능성을 발견했습니다. 만약 충분히 빠른 속력(약 8km/s)으로 물체를 던진다면 어떻게 될까요? 물체는 여전히 지구 중심을 향해 '낙하'하고 있지만, 지구의 곡률 때문에 지표면에 닿기 전에 계속해서 '낙하'하게 될 것입니다. 결과적으로 물체는 지구 주위를 원운동하는 것입니다.

이러한 사고 실험을 통해 뉴턴은 달의 운동을 설명할 수 있었습니다. 달 역시 끊임없이 지구를 향해 낙하하고 있는 것입니다. 다만 그 낙하의 정도가 지표면에서와는 매우 다를 뿐입니다. 달이 있는 곳에서의 중력 가속도는 지표면의 약 1/3600인 $0.00272m/s^2$에 불과합니다. 이는 달이 1초 동안 단지 1.3mm만 낙하한다는 사실을 의미합니다. 반면 지표면에서는 같은 시간 동안 물체가 4.9m 낙하합니다.

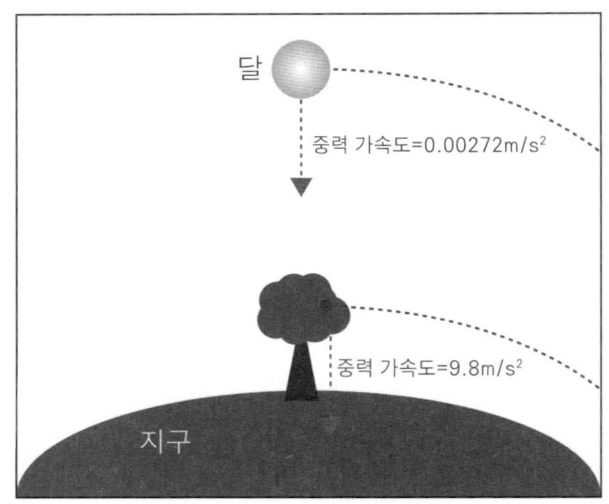

높이에 따른 사과와 달의 중력 가속도 차이

현대에는 이 원리를 응용하여 수많은 인공위성을 지구 궤도에 올려놓았습니다. 2023년 통계에 따르면, 연간 223회의 발사를 통해 2,917기의 새로운 인공위성이 지구 궤도에 진입했습니다. 이들의 궤도는 초기 발사 속도와 각도, 그리고 중력의 상호 작용에 의해 결정됩니다.

실제 궤도 운동에서는 지구가 완벽한 구형이 아니라는 점, 정확한 속도와 방향 제어의 어려움 등 여러 가지 복잡한 요인들이 작용합니다. 그렇기 때문에 대부분의 인공위성은 원형이 아닌 타원 궤도를 그리며 지구를 공전합니다. 그러나 이 모든 운동의 근본에는 동일한 물리 법칙이 작용하고 있습니다.

뉴턴의 통찰은 지상의 물체 운동부터 천체의 운동까지, 겉보기에는 매우 다른 현상들이 사실은 같은 중력의 법칙으로 설명될 수 있음을 보여주었습니다. 이는 과학 역사상 가장 위대한 통합적 이해의 순간 중 하나로 평가받습니다.

중력의 영향을 받는 다양한 자연 현상

중력은 물체의 운동뿐 아니라 거의 모든 자연 현상과 동식물의 행동과 생장, 구조 등에도 깊은 영향을 미칩니다.

먼저, 중력은 지구의 대기 구성에 결정적인 영향을 줍니다. 대기를 구성하는 주요 기체는 질소, 산소, 아르곤, 이산화 탄소, 헬륨, 수소 등입니다. 각 기체 분자의 운동 속도가 지구의 중력을 벗어나는 데 필요한 탈출 속도보다 빠르면 기체는 우주로 날아갑니다. 그래서 수소와 헬륨처럼 가볍고 빠른 기체는 지구 대기에 남아 있지 않고, 비교적 무겁고 느린 산소와 질소 등은 지구의 중력을 벗어나지 못해 지구에 남아 대기를 구성하는 것입니다.

물과 대기의 순환은 대류 현상으로 인해 발생합니다. 이 과정에서 구름이 생기고, 고기압과 저기압이 형성되며 바람이 붑니다. 대류 현상은 물질의 밀도 차이로 인한 부력이나 비중 차이 때문에 일어나는데, 이러한 부력의 근본적인 원인도 중력입니다. 촛불이 계속 타는 것도 대류 현상과 관련이 있습니다. 중력은 밀도가 다른 공기를 움직이게 만듭니다. 뜨거운 공기는 위로 올라가고 차가운 공기는 아래로 내려가면서 대류가 형성됩니다. 이렇게 만들어진 대류는 연소에 필요한 산소를 지속적으로 공급하여 촛불이 꺼지지 않고 계속 타게 합니다.

중력은 생명체의 구조와 생활 방식에도 큰 영향을 미칩니다. 우리는 귓속의 전정 기관으로 중력을 감지하고 몸의 이동과 평형감각을 유지할 수 있습니다. 전정 기관 안에 있는 이석이라는 작은 칼슘 덩어리는 몸의 움직임에 따라 중력 방향으로 이동하며 몸이 평형을 유지할 수 있도록 도와줍니다.

인간은 물론, 코끼리처럼 육상에서 살아가는 무거운 동물은 강한 근육과 단단한 골격을 갖추어 중력에 적응했습니다. 높은 곳에 있는 뇌까지 혈액을 원활하게 순환시켜야 하는 기린은 심장이 발달했습니다.

중력은 식물의 구조에도 영향을 줍니다. 식물 세포에는 세포벽이 있어 세포의 무게, 즉 중력을 지탱할 수 있으며, 그 덕분에 식물은 높이 자랄 수 있습니다. 식물의 뿌리는 중력 방향인 땅속을 향해 자라고 줄기는 중력 반대 방향으로 자라는데, 이것 역시 지구 중력에 적응한 진화의 결과입니다.

만약 중력이 거의 없는 우주 공간에서 식물이 자란다면, 세포를 지탱할 필요가 없으므로 식물의 세포벽은 지구에서보다 얇아집니다. 같은 이유로 우주에서 생활하는 우주인들의 뼈에서는 매달 1% 정도씩 칼슘이 빠져나갑니다. 지구에서처럼 뼈로 몸무게를 지탱할 필요가 없기 때문입니다. 따라서 오랫동안 우주 생활을 한 우주인은 지구로 돌아온 후 뼈 밀도가 낮아진 탓에 골다공증과 같은 질환을 겪곤 합니다.

잠깐! 더 배워봅시다

중력이 없으면 병아리도 없다?

닭의 수정란은 놀라운 생명 시스템을 보여주는 훌륭한 예시다. 겉으로 보기에는 단순한 달걀이지만, 그 안에서는 정교한 발생 과정이 진행된다. 이 과정에서 중력은 눈에 보이지 않지만 매우 중요한 역할을 수행한다.

발생이란 하나의 수정란이 수많은 세포 분열을 거쳐 완전한 개체로 성장하는 과정을 말한다. 이 과정은 마치 정교한 건축 공사와도 같아서, 모든 요소들이 정확한 순서와 위치에 놓여야 한다. 여기서 중력은 일종의 '건축가' 역할을 한다.

　　배아가 성장하기 위해서는 산소가 지속적으로 공급되어야 한다. 이를 위해 배아는 요낭이라는 특별한 구조를 발달시킨다. 요낭은 달걀 껍데기 안쪽에 부착된 막으로, 그 표면에는 복잡한 혈관망이 형성되어 있다. 이 혈관망은 마치 도시의 도로망처럼 작용하여, 외부 산소를 배아의 모든 세포로 전달하고 이산화탄소를 외부로 내보내는 통로 역할을 한다.

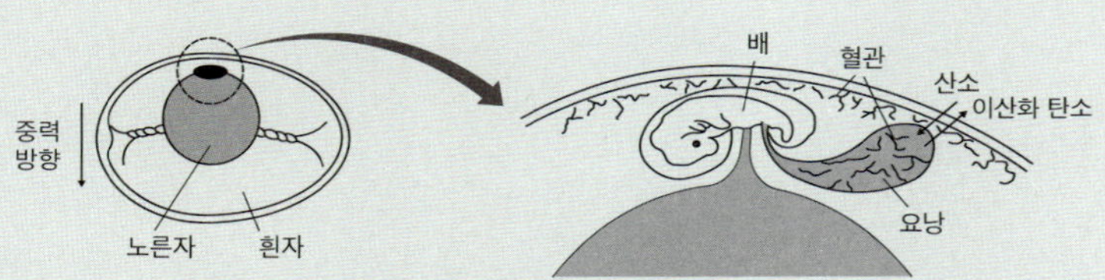

달걀의 내부(왼쪽)와 기체 교환(오른쪽) 모식도

　　중력의 중요성은 노른자와 흰자의 배치에서 도드라진다. 지구상에서 흰자의 비중[23](1.040)은 노른자의 비중(1.029)보다 약간 높다. 이 작은 차이는 매우 중요한 의미를 지니는데, 중력의 작용으로 노른자와 흰자가 적절한 위치에 자연스럽게 자리 잡기 때문이다.

　　그러나 우주의 무중력 환경에서는 이러한 비중 차이가 아무런 의미를 갖지 못한다. 비중 차이에 의한 자연스러운 배치가 일어나지 않아 노른자와 흰자가 뒤섞이고, 결국 배아의 발생이 정상적으로 이루어지지 못한다. 이는 마치 건축 자재들이 무질서하게 섞여 있어 제대로 된 건물을 지을 수 없는 상황과 비슷하다.　　　　참고 도서 : 일본 MICROGRAVITY 응용학회, 『우주실험 최전선』(2009)

---

[23] 물의 밀도 1g/mL에 대한 상대적인 밀도를 의미한다.

자유 낙하와 수평으로 던진 물체의 운동을 시각화하여 비교하기

'자유 낙하'와 '수평으로 던진 물체'가 동일한 중력의 법칙에 따라 움직인다는 사실을 직접 눈으로 확인해 보는 실험은 중력의 개념을 직관적으로 이해하는 데 큰 도움이 된다. 이 탐구 활동은 자유 낙하하는 물체와 수평으로 던진 물체의 운동 비교를 통해 지구 표면에서 낙하 운동하거나 지구 주위를 공전하는 물체는 모두 지구의 중력에 의한 운동임을 이해하는 것을 목표로 한다.

우선 교과서에서 공통적으로 권장하는 방법은 동시에 두 물체를 같은 높이에서 출발시켜 하나는 자유 낙하시키고, 다른 하나는 수평으로 던져보는 것이다. 실험대를 마련한 뒤, 한 공은 테이블 모서리에서 떨어뜨리고(수직 낙하), 다른 공은 옆으로 굴려(수평 투사) 공중에 놓이는 순간을 맞춘다. 이때 스마트폰 등으로 영상을 촬영한 뒤 동영상 분석 프로그램(Tracker, Vernier Video Analysis 등)을 활용하여 두 공의 위치와 시간 데이터를 프레임별로 추적해 볼 수 있다.

이 활동의 핵심은, 연직 방향 운동만 보면 두 공의 낙하 시간이나 속도 증가 패턴이 동일하다는 점을 발견하는 것이다. 이는 중력이 오직 '연직 아래 방향'으로만 작용하고, 그 크기가 두 공에 동일하게 적용되기 때문이다. 따라서 자유 낙하하는 공과 수평으로 던진 공 모두 등가속도 운동을 하게 된다.

한편, 수평 방향에서는 별도의 외부 힘이 작용하지 않기 때문에, 처음 주어진 수평 속도가 그대로 유지된다. 이로 인해 수평 투사 공은 수평으로 이동하며 떨어진다.

결국, 연직 방향과 수평 방향 운동은 독립적으로 일어난다는 결론에 도달하며, 고속 촬영 영상이나 다중섬광사진 기능을 통해 시각적으로도 그 궤적을 명확히 확인할 수 있다.

이 과정을 통해 "왜 수평으로 던진 물체가 자유 낙하 물체와 같은 시간에 지면에 도달하는가?"라는 궁금증을 해소할 수 있다. 아울러, 낙하 운동과 투사 운동이 서로 다른 듯 보이지만 실은 중력에 의해 동일한 가속도를 받는다는 사실을 직접 확인하며, 중력의 보편적 작용을 체감할 수 있다.

이 활동을 하고 난 후 "달에서의 자유 낙하는 지구에서의 자유 낙하와 어떻게 다를까?"와 같은 질문에 답해 보거나, 위성의 궤도 운동도 본질적으로 중력에 의해 접선 방향 경로에서 "떨어지고 있다"는 사실을 연결해 보면 더욱 흥미로운 내용으로 학습을 이어갈 수 있다. 이러한 경험은 우리가 중력 개념과 운동의 독립성 원리를 생활 속 다양한 현상으로 확장하여 이해하는 훌륭한 계기가 될 것이다.

2 일상생활에서의 충돌과 안전장치

안전사고, 안전장치, 운동량, 충격량

우리의 일상생활은 '충돌'로 가득합니다. 이러한 충돌은 매우 다양한 형태로 나타나는데, 대부분은 우리가 의식하지도 못할 만큼 사소합니다. 아침에 부모님과 나누는 따뜻한 포옹, 문을 열기 위해 손잡이를 잡는 순간, 어깨에 가방을 메는 동작, 심지어 빗방울이 우산에 떨어지는 것까지도 모두 일종의 충돌입니다.

특히 도시 생활에서는 이러한 충돌 상황이 더욱 빈번하게 발생합니다. 출퇴근 시간에 붐비는 지하철이나 버스 안에서 다른 사람들과 스치는 일, 복잡한 거리를 지나며 마주치는 수많은 접촉 모두 작은 충돌입니다. 다행히 이러한 일상적인 충돌들은 대부분 우리의 안전을 크게 위협하지 않습니다.

하지만 충돌이 항상 안전한 것만은 아닙니다. 특정 조건에서는 작은 충돌도 심각한 안전사고로 이어질 수 있습니다. 이러한 위험성을 결정하는 주요 요인 두 가지는 '속도'와 '질량'입니다. 빠른 속도로 움직이는 물체와의 충돌이나, 무거운 물체와의 충돌은 매우 위험할 수 있습니다.

안전사고의 이해와 예방

학교생활에서도 이러한 위험한 충돌 상황이 자주 발생합니다. 복도나 계단에서 뛰다가 친구와 부딪치는 일, 부주의로 교실 책상의 모서리에 부딪치는 일, 그리고 높은 곳에서 뛰어내릴 때 바닥과 충돌하는 일 모두 안전사고로 이어질 수 있습니다.

축구, 농구, 배구 같은 운동 경기에서는 이런 안전사고가 더 빈번하게 일어납니다. 축구 경기에서는 과격한 태클 과정에서의 신체 충돌, 강한 프리킥에 의한 공과의 충돌, 공을 두고 경쟁하는 과정에서 선수들간의 몸싸움으로 부상이 흔히 발생합니다. 농구 경기에서는 패스를 주고받다가 공에 손가락을 부딪치기도 하고, 배구에서도 오버핸드 토스 중에 손가락을 부상당하는 일이 잦습니다. 야구나 소프트볼 경기에서는 장비를 착용하지 않은 상태에서 배트나 공에 맞는다면 큰 사고로 이어질 수 있습니다.

이러한 스포츠 관련 충돌 사고는 적절한 보호장비 착용과 안전수칙 준수만으로도 상당 부분 예방할 수 있습니다. 이는 충돌의 위험성을 이해하고, 이에 대한 적절한 대비책을 마련하는 일이 얼마나 중요한지를 보여줍니다.

충돌 예방을 위한 안전장치의 진화

충돌은 우리 일상과 스포츠 현장에서 피할 수 없는 현실입니다. 그러나 적절한 안전장치를 활용하면 그 위험성을 크게 줄일 수 있습니다. 이러한 안전장치는 사용 환경에 따라 고정식과 착용식으로 나눌 수 있으며, 과학 기술의 발전과 함께 점차 정교하게 진화하고 있습니다.

스포츠 시설에서 사용하는 고정식 안전장치는 경기장의 특성에 맞춰 설계됩니다. 농구장에서는 기둥에 안전 매트를 설치해 선수들의 충돌 충격을 흡수합니다. 육상 경기장의 멀리뛰기 구역에는 충분한 양의 모래를 채우고, 높이뛰기 장소에는 특수 제작된 매트를 설치하여 착지 시의 충격을 최소화합니다.

한편 개인이 착용하는 안전장치는 각 스포츠의 특성을 반영하여 발달해 왔습니다. 축구 선수들은 빈번한 발목 충돌에 대비해 가드와 특수 설계된 축구화를 착용하고, 골키퍼는 시속 100km가 넘는 공을 막아야 하므로, 특수 제작된 장갑과 무릎 보호대를 필수로 착용합니다.

야구는 안전장비가 가장 발달한 스포츠 중 하나입니다. 특히 타자, 포수, 심판은 고속으로 날아오는 공과 배트로부터 보호받아야 합니다. 타자는 헬멧과 팔목 보호대를 착용하고, 포수는 헬멧, 마스크, 가슴 보호대, 무릎 보호대 등 전신을 보호하는 장비를 갖춥니다.

과학기술의 발전은 이러한 안전장치를 더욱 효과적으로 만들었습니다. 포수의 마스크는 오토바이 헬멧과 유사한 첨단 디자인으로 발전했습니다. 미식축구나 아이스하키처럼 충격이 큰 스포츠에서는 더욱 정교한 보호장비가 사용되고 있습니다.

일상생활에서도 안전장치의 중요성은 점점 더 커지고 있습니다. 과거에는 단순한 이동 수단으로 여겨졌던 자전거가 레저 활동으로 자리 잡으면서 안전에 대한 인식도 크게 달라졌습니다. 2018년 9월부터 자전거 안전모 착용이 법적으로 의무화되었고, 이외에도 팔꿈치 보호대, 무릎 보호대, 전조등, 후미등 같은 다양한 안전장비가 보편화되었습니다.

최근에는 단순히 충격을 막는 역할을 넘어 사고 예방의 효과까지 고려한 안전장치를 개발하고 있습니다. 반사 소재를 사용하고, LED 조명을 부착거나, 충격 감지 센서를 장착하는 등 과학기술의 발달과 함께 안전장치의 기능 또한 계속해서 확장되고 있습니다.

2차 충돌 방지를 위한 기술의 발전

자동차 충돌 사고에서는 첫 번째 충돌보다 '2차 충돌'이 더 치명적일 수 있습니다. 2차 충돌이란 차량이 장애물과 부딪친 직후 0.1초도 안 되는 짧은 시간 동안 관성에 의해 탑승자가 차량 내부 구조물과 부딪치는 현상을 말합니다. 이러한 2차 충돌에 대비하기 위해 자동차 안전 기술은 끊임없이 발전해 왔습니다.

가장 기본적인 안전장치인 차량 앞유리의 발전 과정을 보면, 자동차 안전 기술이 어떻게 진화해 왔는지 잘 알 수 있습니다. 1900년대 초, 자동차에는 앞유리가 없어 운전자들은 직접 고글을 착용해야 했습니다. 자동차의 속도가 점점 빨라지면서 앞유리가 필수로 장착되었지만, 초기의 일반 유리는 충돌 시 날카로운 파편을 날려 오히려 매우 위험했습니다. 이 문제는 1927년, 접합 창유리의 도입으로 크게 개선되었습니다. PVB 필름을 삽입한 이중 구조의 접합 창유리는 충돌 시 파편을 날리지 않고, 탑승자가 밖으로 튕겨 나가는 현상도 효과적으로 막아줍니다.

안전띠 역시 꾸준히 발전해 왔습니다. 1951년, 메르세데스-벤츠가 도입한 2점식 안전띠는 탑승자의 골반만을 보호할 수 있었습니다. 그러나 사고 분석을 통해 머리와 가슴 부위의 보호가 훨씬 더 중요하다는 사실이 밝혀졌습니다. 1959년, 볼보의 엔지니어 닐스 볼린은 3점식 안전띠를 개발해 이러한 문제를 해결했고, 볼보는 이 특허를 전 세계에 공개하여 자동차 안전 기술 발전에 크게 기여했습니다.

골반을 지나는
2점식 안전띠

가슴과 골반을 지나는
3점식 안전띠

양 가슴과 골반을 지나는
4점식 안전띠

안전띠의 종류

에어백은 안전띠를 보완하는 혁신적인 장치로 등장했습니다. 충돌 순간 0.05초 만에 팽창하는 에어백은 탑승자의 머리와 가슴에 가해지는 충격을 크게 줄여줍니다. 특히 안전띠와 함께 사용할 때 그 효과가 극대화되는데, 연구 결과에 따르면 안전띠와 에어백을 동시에 사용할 경우, 사망률을 55%까지 낮출 수 있습니다. 반면 에어백만 단독으로 사용할 경우

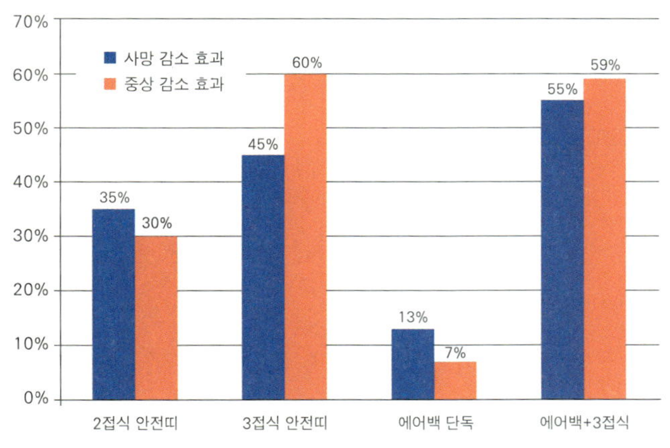

안전띠와 에어백 착용 효과

그 효과는 13%에 그칩니다.

자동차 에어백 시스템은 오늘날 훨씬 더 정교해졌습니다. 초기의 전면 에어백에서 출발해, 이제는 측면 충돌에 대응하는 사이드 에어백, 전복 사고에 대비한 커튼 에어백, 무릎 보호를 위한 특수 에어백 등 다양한 형태로 발전했습니다.

하지만 이런 첨단 안전장치만으로는 모든 상황에서 완전한 보호를 기대할 수 없습니다. 결국 사고를 예방하는 가장 중요한 방법은 안전 운전입니다. 이는 모든 안전장치를 동원해 실현하고자 하는 궁극적인 목표이기도 하며, 동시에 과학기술만으로는 모든 사고의 충격을 완전히 막을 수 없다는 한계를 보여줍니다.

충돌 테스트 인형, 더미(dummy)의 세계

자동차 충돌이 사람에게 어떤 영향을 미치는지 알아보는 것은 매우 중요하다. 그러나 실제 사람이나 시체를 자동차에 태워 시험할 수는 없다. 그래서 탄생한 것이 바로 '더미'다. 더미는 자동차 충돌 실험에서 인간을 대신해 자동차에 탑승하는 역할을 맡고 있다.

자동차 충돌 실험은 단지 사고가 났을 때 신체의 어느 부위를 부딪치는지만을 보여주는 데 그치지 않는다. 어느 부위에 어느 정도의 충격이 가해지는지, 그리고 이 충격이 인간에게 어떤 영향을 미치는지를 정밀한 데이터로 밝혀낸다. 이를 위해 더미에는 다양한 첨단 센서가 장착되어 있다. 보통 더미 하나에 로드 셀, 가속도계, 변위계를 비롯한 약 80개의 센서를 설치한다.

로드 셀(load cell)은 충돌 시 특정 부위에 가해지는 힘의 양을 정밀하게 측정하는 센서로, 더미가 갖춘 가장 기본적인 센서다. 자동차 충돌 시 머리가 엄청난 속도로 앞으로 튕겨 나가는 현상은 매우 치명적인데, 이런 가속도를 측정하는 데 가속도계(accelerometer)를 사용한다. 또한, 생명과 직결되는 부위인 인간의 목과 척추는 충돌 순간 구부러지고 움츠러들거나 늘어나는데, 이처럼 압축되거나 휘는 정도는 변위계로 측정한다.

이러한 센서들은 머리부터 발끝까지, 생명과 직결되는 모든 부위에 전략적으로 배치되어 있다. 이를 통해 수집된 데이터는 자동차의 안전 설계를 개선하고, 새로운 안전장치를 개발하는 데 필수적인 자료로 활용된다.

충돌 테스트 더미의 발전은 자동차 안전 기술의 발전과 밀접한 관련이 있으며, 이를 통해 수많은 생명을 구하는 데 기여하고 있다.

운동량과 충격량

자연계에서 일어나는 충돌 현상을 이해하기 위해서는 '운동량'과 '충격량'이라는 두 가지 핵심 개념을 이해해야 합니다. 이 개념들을 실제 사례와 함께 살펴보겠습니다.

사하라 사막의 운석 충돌 사례는 운동량의 개념을 완벽하게 보여줍니다. 지름 1m, 질량 5000kg의 운석이 시속 1200km/h로 지표면과 충돌하여 지름 45m, 깊이 16m에 이르는 거대한 분화구를 만들어냈습니다. 이처럼 엄청난 파괴력이 발생한 이유는 운석이 지닌 큰 운동량 때문입니다.

운석의 크기와 속력은 운석의 구성 성분과 지구에 떨어지는 각도 등 분화구에서 얻을 수 있는 다양한 정보를 이용해 추정하는데, 이처럼 운동하는 물체가 충돌에 의해 다른 물체에 영향을 미칠 수 있는 정도를 그 물체의 운동량(p, momentum)이라고 합니다. 운동량은 물체의 질량과 속도를 곱한 물리량으로, 단위는 kg·m/s입니다.

$$운동량(p) = 질량(m) \times 속도(v) \ (단위 : kg \cdot m/s)$$

일상생활에서도 운동량의 개념을 쉽게 찾을 수 있습니다. 예를 들어 같은 속도로 달리는 오토바이와 트럭 중에서는 질량이 큰 트럭이 더 큰 운동량을 갖습니다. 또한 동일한 차량이라도 속도가 2배로 빨라지면 운동량도 2배로 증가합니다. 야구공이 야구 배트에 맞아 튕겨 나가거나, 테니스공이 라켓으로부터 짧은 시간 동안 힘을 받아 날아갈 때, 매우 짧은 순간에 큰 힘을 받은 공은 운동 방향과 속도가 크게 변합니다. 힘이 작용하는 시간은 매우 짧지만, 그 힘의 크기가 크기 때문에 공의 운동량이 크게 변하는 것입니다. 이때 작용한 힘과 힘이 작용한 시간의 곱이 바로 충격량(I, Impulse)이며, 단위는 N·s입니다.

$$충격량(I) = 힘(F) \times 시간(t) \ (단위 : N·s)$$

만약에 야구공이나 테니스공처럼 물체에 작용하는 힘의 크기가 일정하지 않고 시간에 따라 변한다면 평균 힘(F)을 곱해야 합니다. 충격량은 운동량의 변화와 밀접한 관계가 있습니다. 뉴턴의 운동 법칙 m은 질량, a는 가속도를 통해, 충돌 시 운동량과 충격량의 관계를 해석할 수 있습니다.

예를 들어, 질량이 m(kg)인 물체가 속도 v_0(m/s)으로 움직이고 있을 때, 일정한 힘 F(N)를 t초 동안 가하여 물체의 속도가 v(m/s)로 변한 경우, 물체에 작용한 힘 F는 다음과 같습니다.

$$F = ma = m\left(\frac{v - v_0}{t}\right)$$

시간 t를 좌변으로 이항하면 $F·t$, 즉 충격량이 되고, 다음과 같이 나타낼 수 있습니다.

$$I = Ft = mv - mv_0$$

이는 운동량과 충격량 사이의 매우 중요한 관계를 보여줍니다. 뉴턴의 운동 법칙을 통해 증명할 수 있듯이, 물체가 받은 충격량은 그 물체의 운동량 변화량과 정확히 같습니다. 즉, 물체가 받은 충격량은 물체의 운동량 변화량과 같습니다. 충격량이 클수록 운동량의 변화량도 커지는 것이지요.

여기서 중요한 점은, 충격량(Impulse)이 운동량 변화량과 같다는 것입니다. 같은 운동량 변화를 일으키는 충격량이어도, 힘이 작용하는 시간이 길어지면 평균 힘은 그만큼 작아집니다. 예를 들어, 야구공을 손으로 잡을 때 손을 뒤로 빼면서 받으면 공이 멈추는 데 걸리는 시간이 길어져, 순간적으로 받는 힘이 줄어듭니다. 반대로, 짧은 시간에 멈추게 하면 평균 힘이 매우 커져 손에 큰 충격이 전달됩니다.

이 원리는 자동차 에어백이나 운동 경기의 보호장비에도 적용됩니다. 충돌 시 작용 시간을 늘려 평균 힘을 줄이면, 같은 충격량이어도 인체가 받는 상해를 크게 줄일 수 있습니다. 즉, 충격량이 일정할 때 '충격량 = 평균 힘 × 작용 시간'이므로, 작용 시간이 길수록 평균 힘은 작아집니다. 이처럼 힘과 시간의 관계를 이해하면, 다양한 충돌 상황에서 안전을 지키는 방법을 과학적으로 설명할 수 있습니다.

충돌 시간을 늘려 순간적인 힘을 줄이다

충격량이 같아도 그 결과가 달라질 수 있다는 사실은 매우 흥미로운 물리 현상입니다. 이를 달걀 낙하 실험을 통해 자세히 살펴보겠습니다. 달걀을 단단한 마루와 푹신한 방석 위에 각각 떨어뜨린다고 가정해 봅시다. 두 경우 모두 달걀이 같은 높이에서 떨어지므로 충돌 직전의 속도는 동일하고, 마지막에는 정지하게 되므로 속도 변화량도 같습니다. 이는 곧 운동량의 변화량, 즉 충격량이 두 경우 모두 동일한 사실을 의미합니다. 그러나 여기서 중요한 점은 충격량이 '평균 힘'과 '시간'의 곱이라는 것입니다. 수학적으로 표현하면 다음과 같습니다.

충격량 = 평균 힘 × 시간

이 식에서 충격량이 일정할 때, 시간이 길어지면 평균 힘은 반비례하여 작아져야 합니다. 예를 들어 충돌 시간이 10배 길어지면, 평균 힘은 1/10로 감소합니다. 이것이 바로 방석이 달걀을 보호하는 원리입니다.

만약 일정한 속도로 날아오는 물풍선을 손으로 받는다면 받는 방법에 관계없이 운동량의 변화는 같습니다. 그러나 받는 방법에 따라 힘을 받는 시간이 달라지고 평균 힘의 크기도 달라집니다. 손을 쭉 뻗어 풍선을 잡으면 풍선이 빠르게 멈추면서 큰 평균 힘을 받게 됩니다. 반면에 손을 뒤로 빼면서 물풍선을 받으면 풍선이 멈추는 데 걸리는 시간이 상대적으로 길어지므로 평균 힘이 줄어듭니다. 이러한 현상을 시간에 따른 힘 그래프로 표현하면 더욱 명확해집니다.

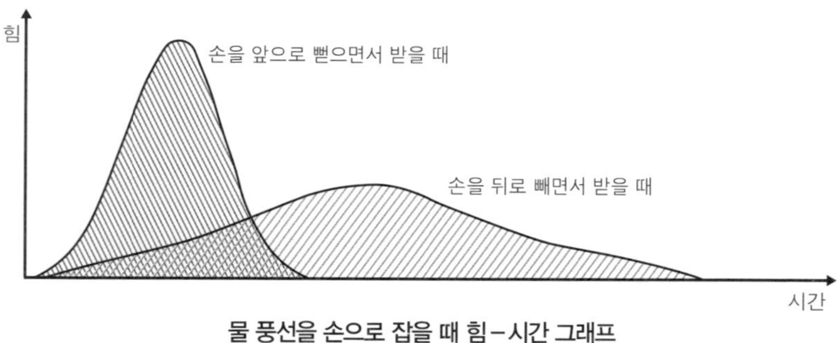

물 풍선을 손으로 잡을 때 힘−시간 그래프

그래프에서 아랫부분의 면적은 시간에 따라 작용한 힘을 누적한 값으로 충격량을 뜻합니다. 손을 앞으로 뻗으면서 풍선을 받을 때와 뒤로 빼면서 풍선을 받을 때 운동량의 변화량, 즉 충격량이 같으므로 그래프 아랫부분 면적은 동일합니다. 그러나 손을 뒤로 빼면서 받으면 힘이 작용하는 시간이 늘어나기 때문에 평균 힘(충격량/시간)의 크기가 작아지고 힘의 최댓값도 함께 작아지는데, 이 최댓값이 물풍선이 터지는 데 필요한 임계값보다 작아지기 때문에 물풍선이 터지지 않는 것입니다.

마찬가지로 달걀이 푹신한 방석 위로 떨어질 때도 충돌 시간이 길어지고 평균 힘이 줄어들어, 힘의 최댓값이 달걀이 깨지는 데 필요한 힘의 임계값보다 작아져 깨지지 않는 것입니다. 이 원리는 자동차 범퍼의 충격 흡수 구조, 운동화의 쿠션 솔, 스포츠 매트나 보호대, 포장재의 완충제 등 우리 주변의 많은 안전장치에 적용되어 있습니다. 모두 충돌 시간을 늘려 순간적인 힘을 줄이는 원리를 활용한 것입니다.

생명을 지키는 차량 설계

오늘날 자동차 기술 발전은 단순히 탑승자의 안전을 넘어 보행자의 생명까지 고려하는 방향으로 진화하고 있습니다. 특히 유럽과 일본에서는 '보행자 보호 규제'를 시행해, 차량과 보행자의 충돌이 불가피할 경우, 피해를 최소화하려는 노력을 이어가고 있습니다.

보행자 사고의 치명성은 주로 2차 충돌에서 발생합니다. 차량 충돌 사고가 발생했을 때 보행자는 차량의 진행 방향으로 넘어지면서 도로에 떨어지거나, 가해 차량에 다시 부딪히는 경우가 많습니다. 이러한 2차 충돌이 사망률을 크게 높이는 주된 원인입니다. 이에 대한 해결책으로, 차량 설계 단계에서부터 충돌 시 보행자가 차량의 보닛(bonnet, 자동차 후드) 위로 쓰러지도록 유도하는 방식이 도입되었습니다. 이러한 설계는 차량의 전면 범퍼를 기준으로 하기 때문에 범퍼와 보닛 디자인에 큰 영향을 줍니다.

보행자와 차량 전면 후드가 충돌할 때, 보행자의 신체에 가해지는 충격을 줄이고 신체의 관성에 의한 운동 에너지를 흡수하려면 보닛과 엔진 사이에 완충 공간이 필요합니다. 이를 위해 충돌 감지 센서가 작동할 때 보닛을 50mm 정도 들어올리는 방식을 적용하거나, 처음부터 보닛을 볼록하게 설계해 충격 흡수 공간을 확보하기도 합니다.

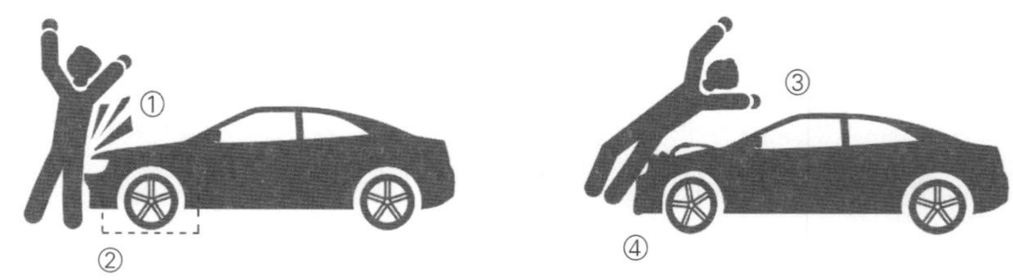

차량 충돌 시 보행자 보호 시스템의 원리

① 범퍼 센서가 보행자 감지. ② 신호 전달 및 빠르게 보닛이 튀어 오름.
③ 공간이 줄어들며 머리 충격에 의한 에너지 흡수. ④ 반응 속도는 눈 깜박임보다 10배 빠름.

보행자와의 충돌 사고 시 가장 먼저 접촉이 일어나는 차량 앞부분을 부드러운 재료로 구성하고, 금속 구조물 보닛은 뒤쪽으로 옮기는 방법도 있습니다. 보닛이나 범퍼가 외부의 충격을 가능한 한 최대로 흡수하게 해서 보행자의 상해 발생 가능성을 줄이려는 노력이지요. 라디에이터 그릴 역시 부드러운 합성수지로 제작해 범퍼 구조물 안에 설치함으로써, 충격에 의한 손상을 줄이는 동시에 보행자의 상해 위험을 낮추고 있습니다.

이러한 설계 변화는 앞서 배운 충격량과 시간의 관계를 실제로 적용한 결과입니다. 충돌 시간을 늘리고 충격을 분산시켜 순간적인 힘의 크기를 줄이는 원리로, 이는 마치 달걀을 방석 위에 떨어뜨렸을 때 충격이 완화되는 것과 같은 이치입니다.

잠깐! 더 배워봅시다

큰 차와 작은 차의 충돌역학

충돌 안전에서 차량의 크기가 중요한 이유를 이해하기 위해, 트럭과 승용차의 충돌 상황을 물리학적으로 분석해 보자.

먼저 기본 원리를 살펴보면, 뉴턴의 제3법칙에 따라 트럭과 승용차가 충돌할 때 두 차량이 받는 충격량의 크기는 같다. 이는 운동량 변화량의 크기도 같다는 것을 의미한다. 또한 두 차량의 충돌 시간이 동일하므로, 각 차량이 받는 평균 힘의 크기도 같다.

그러나 여기서 중요한 차이가 발생한다. 같은 힘을 받더라도 질량이 다르면 가속도가 달라지기 때문이다. 뉴턴의 제2법칙($F = ma$)에 따르면 아래와 같이 정리할 수 있다.

> 트럭: 질량이 크므로 → 같은 힘에서 작은 가속도 발생
>
> 승용차: 질량이 작으므로 → 같은 힘에서 큰 가속도 발생

이러한 가속도의 차이는 곧바로 운전자에게 영향을 미친다. 운전자는 자신이 탄 차량과 함께 움직이므로, 차량의 가속도는 곧 운전자의 가속도와 같다. 운전자들의 체중이 비슷하다고 가정하면, 다음과 같이 정의할 수 있다.

> 승용차 운전자: 큰 가속도로 인해 더 큰 운동량 변화 발생
>
> 트럭 운전자: 작은 가속도로 인해 더 작은 운동량 변화 발생

결과적으로 승용차는 트럭보다 더 큰 가속도(감속)를 경험하므로, 승용차 운전자는 같은 시간 동안 더 큰 운동량 변화를 겪게 되어 더 큰 충격량을 받고, 이는 더 큰 평균 힘으로 이어진다. 이것이 바로 작은 차량의 운전자가 더 위험한 이유다.

교통수단과 스포츠 등에서 충격을 줄이는 방법 탐색하기

이 활동은 실제 생활과 연계하여 물리 법칙을 적용하는 것으로, 상호 작용이 없을 때 물체가 가속되지 않음을 알고, 충격량과 운동량의 관계를 충돌 관련 안전장치와 스포츠에 적용해 본다.

우선 일상에서 발생하는 다양한 충돌 상황에 대한 이해가 필요하다. 포옹이나 문 손잡이를 잡는 간단한 행동처럼 대부분의 충돌은 매우 사소하고 위험하지 않다. 그러나 속도와 질량이 크게 작용하는 경우, 작은 충돌도 치명적인 안전사고로 이어질 수 있다. 축구, 농구, 야구 등 스포츠 현장에서도 과격한 태클이나 공과의 충돌로 부상이 빈번하게 발생하는데, 이는 적절한 보호장비 착용과 안전수칙 준수만으로도 크게 예방할 수 있다.

이러한 안전장치들은 충격량과 운동량의 개념을 활용해 설명할 수 있다. 예컨대 자동차의 에어백은 충돌 시 작용 시간을 극도로 짧은 순간에 늘려주어, 순간적으로 가해지는 힘을 분산시키는 장치다. 야구 포수 장비나 골키퍼 장갑, 헬멧 등도 동일한 원리로 충격을 분산하고 흡수한다. 교과서 자료에서는 이러한 장치들이 어떻게 충돌 시간을 늘리거나 힘을 흡수하는지를 분석한다. 일부 교과서에서는 학생들이 직접 안전장치를 설계하거나 실험을 수행해 보도록 권장하여, 운동량과 충격량을 체험하며 익히게 한다.

탐구 활동은 크게 네 단계로 진행할 수 있다. 먼저 일상생활, 운동 경기, 운송 수단에서 발생할 수 있는 대표적인 충돌 상황을 조사한다. 그다음 이를 운동량과 충격량의 관점에서 정리해 보며, '충돌 시간을 어떻게 늘릴 수 있을까?' '어떻게 하면 질량·속도 등의 요소를 관리해 충돌의 위험을 낮출 수 있을까?'와 같은 핵심 질문에 대해 토의한다. 이후 아이디어를 고안하여 보호장치를 설계하거나, 낙하시험 등을 수행하며 간단한 모형 실험으로 충격 흡수·분산 효과를 확인해 본다. 마지막으로 결과를 발표하고, 다른 팀과 비교하고 토의해 보면서 개선점을 찾는다.

이 과정에서 우리는 물리 개념이 일상에서 얼마나 밀접하게 적용되는지 체감할 수 있다. 동시에 창의적인 문제 해결력을 기르고, 무엇보다 충돌 상황 자체를 예방하거나 최소화하기 위한 안전의 중요성을 깨달을 수 있다. 결과적으로 '왜 안전벨트와 에어백을 동시에 착용해야 하는가?', '어떤 구조의 보호대가 몸을 더 효과적으로 보호할까?'와 같은 현실적인 문제를 깊이 이해하며, 탐구 활동이 일상 속 안전 실천으로 이어지는 좋은 계기를 마련할 수 있다.

유기적이고 정교한 체제, 생명 시스템

생명 시스템을 이루는 기본 단위

물질대사의 핵심, 생체 촉매

세포 안에서 정보는 어떻게 흐를까?

1 생명 시스템을 이루는 기본 단위

서울을 비롯한 대도시에서 버스를 타고 다니다 보면 다양한 높이의 아파트를 볼 수 있습니다. 아파트는 사람이 살아가기 위한 공간이지요. 그런데 사람이 아닌 지렁이를 위한 아파트가 있다는 것을 알고 있나요? 바로 지렁이를 키우는 사육장입니다.

지렁이를 키우는 까닭은 무엇일까요? 흙 속에서 살아가는 지렁이는 과일 껍질, 채소 같은 음식물 쓰레기를 먹고 똥을 싸는데, 이 똥에 영양분이 많아 흙을 비옥하게 만들기 때문에 지렁이가 있는 흙에서 식물이 잘 자랍니다. 또한 지렁이는 땅속을 이리저리 헤집고 다니며 뭉쳐진 땅을 부드럽게 만들어 물과 공기가 잘 통하게 만들어줍니다.

이처럼 지렁이는 '땅속의 농부' 역할을 합니다. 사람, 지렁이를 비롯한 모든 생명체는 흙, 물, 공기, 빛 등 외부 환경과 상호 작용하면서 하나의 시스템을 이루고 있기 때문에, 생명체를 생명 시스템이라고 합니다.

생명 시스템을 이루는 생명체는 지구 시스템 내에서 생태계를 이루는 중요한 생물적 요소이며, 세포라는 기본 단위로 이루어져 있습니다. 아메바, 짚신벌레 같은 단세포 생물은 하나의 세포로 생명 활동을 합니다. 식물, 동물 같은 다세포 생물은 많은 수의 세포들이 모여 조직을 이루고, 조직이 모여 기관을 이루며, 이들이 서로 유기적인 기능을 하면서 하나의 개체가 됩니다. 이와 같이 생명체는 단순한 세포들의 집합체가 아니라 유기적으로 조직되어 정교한 체제를 이루고 있는 존재입니다.

세포를 공장에 비유한다면?

생명 시스템의 기본 단위인 세포에서는 생명체가 생명 활동을 유지하는 데 필요한 여러 생명 현상이 일어납니다. 게다가 끊임없이 외부와 상호작용을 합니다. 그래서 세포를 물건을 만드는 공장에 비유할 수 있습니다.

공장은 담벼락과 출입문으로 둘러싸여 있으며, 공장의 내부에는 공장 전체를 관리하고 통제하는 통제소, 전기를 공급하는 발전소, 물건을 만들어내는 작업장 등이 있습니다. 세포의 핵은 중앙 통제소에 해당하고, 마이토콘드리아는 발전소에 해당합니다. 세포질은 중앙 통제소를 제외한 공장 내부라고 할 수 있습니다. 세포에도 세포 소기관이 여럿 있어서 공장처럼 물질을 합성하거나 분해할 수 있으며, 외부와의 물질 출입을 조절하는 담벼락이자 출입문인 세포막으로 둘러싸여 있습니다.

세포는 구체적으로 어떤 구조이며, 세포를 구성하는 세포 소기관은 어떤 기능을 할까요? 세포에서 가장 무거운 세포 소기관은 핵입니다. 핵에는 유전 물질인 DNA가 있어 유전 정보가 저장되어 있으며, 공장의 통제

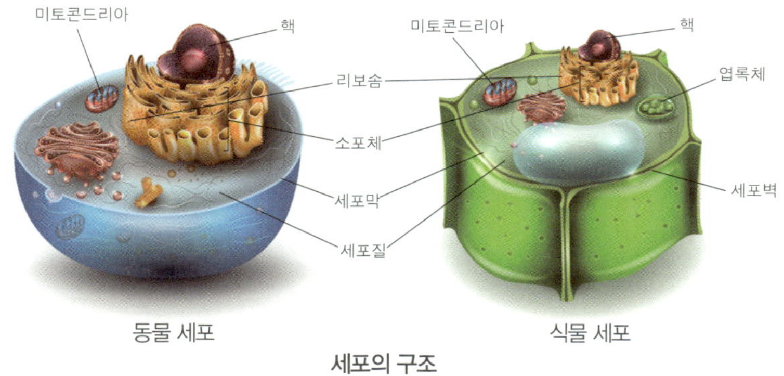

세포의 구조

소같이 생명 활동을 조절하는 역할을 합니다. 공장의 발전소 역할을 하는 마이토콘드리아는 세포 호흡이 일어나는 장소로서, 포도당을 물과 이산화 탄소로 분해하여 생명 활동에 필요한 에너지를 만듭니다.

식물은 동물과 달리 스스로 양분을 합성할 수 있는데, 그 이유는 식물 세포에 엽록체가 있기 때문입니다. 시금치 잎을 막자사발에 넣고 갈아서 얻은 추출물을 광학 현미경으로 관찰하면 초록색 알갱이를 볼 수 있습니다. 이 초록색 알갱이가 바로 엽록체입니다. 엽록체가 초록색을 띠는 것은 엽록소라는 색소 때문입니다.

엽록체에서는 엽록소가 흡수한 빛에너지를 이용하여 물과 이산화 탄소를 포도당으로 합성하는 광합성을 합니다. 광합성 결과 생성된 포도당은 곧바로 녹말로 바뀌었다가 설탕으로 전환되어 식물체의 각 부분으로 이동해 탄수화물, 단백질, 지방 등의 형태로 저장되거나 사용됩니다.

세포는 핵에 들어 있는 DNA에 저장된 유전 정보에 따라 단백질을 만들 수 있는데, 이는 세포에 리보솜(ribosome)이 있기 때문입니다. 리보솜은 눈사람처럼 생긴 매우 작은 소기관으로, 세포질에 흩어져 있거나 핵막과 연결된 주름진 주머니 형태의 소포체라는 세포 소기관에 붙어 있습니다. 핵 속의 DNA에 저장되어 있는 유전 정보가 리보솜에 전달되면, 리보솜은 그에 따라 단백질을 합성합니다.

세포에 존재하는 여러 세포 소기관들이 제대로 작동하려면 다양한 단백질이 많이 필요한데, 이 단백질들은 리보솜에서 만들어져 각 세포 소기관으로 운반됩니다. 이 외에도 크기가 매우 작아 광학 현미경으로는 관찰할 수 없지만 전자 현미경으로 관찰할 수 있는 세포 소기관들이 있습니다.

세포를 둘러싸는 얇은 막인 세포막은 공장의 담벼락 같은 역할을 합니다. 정문, 후문처럼 세포 내부와 외부 사이에서 물질을 받아들이거나 내보내는 것입니다. 식물 세포는 동물 세포와 달리 세포막 바깥쪽에 세포벽이 있어 세포의 형태를 일정하게 유지할 수 있지만 세포막에서와 같은 물질 출입 조절은 일어나지 않습니다.

생명체의 울타리, 세포막

라면을 끓여 먹으려면 물을 담을 수 있는 용기가 필요하듯이, 세포에서 생명 활동이 일어나려면 여러 종류의 세포 소기관과 다양한 물질을 담을 수 있으면서도 외부와 구별되는 공간이 필요합니다. 이 공간을 만들어주는 것이 바로 세포막입니다. 세포막은 세포 내부를 주변 환경과 분리된 공간으로 만듭니다. 세포가 생명 활동을 하려면 외부에서 필요한 물질을 받아들이고, 내부에서 생긴 노폐물을 비롯한 여러 물질을 밖으로 내보내야 합니다. 이런 역할을 하는 것이 세포막입니다.

그렇다면 세포막은 어떤 구조일까요? 세포막은 주로 인지질과 단백질로 이루어져 있습니다. 인지질은 지질의 한 종류로서 물과 친한 친수성이

생명체가 세포로 이루어져 있다는 것을 어떻게 알았을까?

생명 시스템을 이루는 구조적·기능적 단위인 세포는 1665년 영국의 로버트 훅이 처음으로 발견했다. 훅은 얇게 자른 코르크 조각을 현미경으로 관찰하고는, 코르크가 여러 개의 작은 방 모양으로 이루어져 있음을 알게 되었다. 그는 이것을 수도사가 살던 작은 방에 비유하여 작은 방을 의미하는 라틴어의 '켈라(cella)'에서 따와 셀(cell, 세포)이라고 이름 붙였다.

그 후 100년 동안 과학자들은 대부분 세포의 겉모습만 관찰하다가 현미경 제작 기술이 향상됨에 따라 살아 있는 세포의 내부를 관찰하고 연구하기 시작했다. 1831년 영국의 식물학자 로버트 브라운(Robert Brown)이 식물 세포 속에서 핵을 발견했다. 1838년에 독일의 마티아스 슐라이덴(Matthias Schleiden)은 식물이 세포로 구성되어 있음을 밝혔고, 뒤이어 독일의 동물학자 테오도어 슈반(Theodor Schwann)이 동물도 세포로 이루어져 있음을 밝히면서 모든 생물은 세포로 구성되어 있다는 사실이 일반화되었다.

있는 머리 부분과 물과 친하지 않은 소수성이 있는 꼬리 부분으로 이루어져 있습니다. 인지질 분자를 물에 넣으면 친수성 머리가 물 쪽으로 향하면서 소수성 꼬리는 안쪽으로 모인 공 모양의 구조물이 생기는데, 이를 미셀(micelle)이라고 합니다.

세포 안과 밖은 주로 물이 주성분인 수용성 환경이므로 세포막은 인지질의 친수성 머리가 세포막의 양쪽 바깥으로, 소수성 꼬리가 안쪽으로 서로 마주 보며 배열되는 인지질 2중층 구조를 이룹니다. 그리고 세포막을 구성하는 단백질이 인지질 2중층의 곳곳에 박혀 있거나 관통하거나 붙어 있습니다.

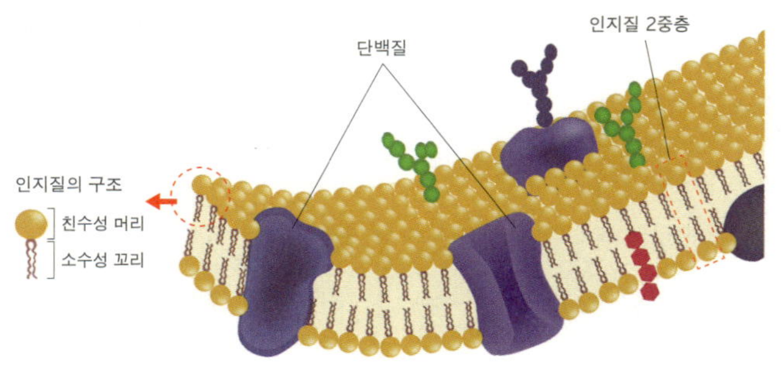

세포막을 통한 물질 출입은 어떻게 일어날까?

산소, 이산화 탄소 등과 같은 작은 분자나 소수성 분자는 세포막의 인지질 2중층을 쉽게 통과하지만, 나트륨 이온, 칼륨 이온, 포도당, 아미노산 등과 같은 친수성 분자는 직접 통과하기가 어렵습니다. 핵산, 단백질처럼 크기가 큰 고분자 물질도 마찬가지입니다.

이와 같이 물질의 종류, 크기 등에 따라 세포막을 통한 물질의 이동이 다르게 일어나는데, 이를 선택적 투과성이라고 합니다. 즉, 세포막은 어떤 물질은 잘 통과시키고 어떤 물질은 잘 통과시키지 않는 특성이 있습니다.

세포막을 통한 물질 이동은 주로 확산에 의해 일어납니다. 확산이란 농도가 높은 곳에서 낮은 곳으로 물질이 이동하는 현상으로, 세포막을 경계로 확산이 일어나면 물질의 농도 차이가 줄어듭니다.

우리 몸의 폐에서는 폐포에서 산소 기체 분자같이 크기가 매우 작은 물질이 확산에 의해 세포막을 통과해 모세 혈관으로 이동합니다.

오랜 시간 물을 주지 않아 잎이 축 처져 있던 식물에 물을 주면 잎이 살아나면서 싱싱해지지요. 이는 식물 세포막을 통해 세포 안으로 물이 이동

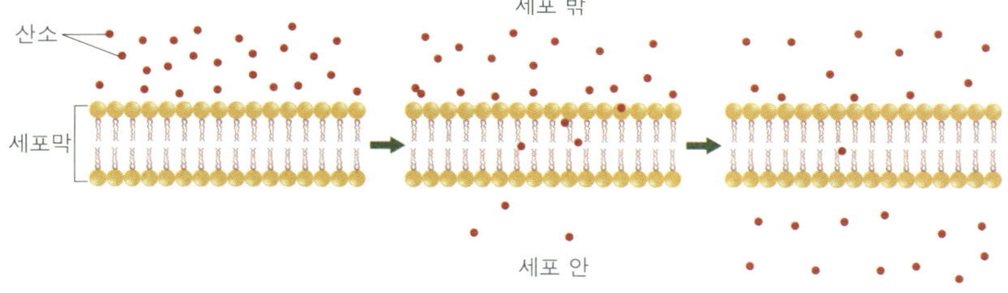

세포막을 통한 확산

했기 때문에 나타나는 현상입니다. 이와 같이 세포막을 경계로 세포 안팎에 용질의 농도가 다른 용액이 있을 때, 물 분자가 세포막을 통해 용질의 농도가 낮은 곳에서 높은 곳으로 이동하는 현상을 삼투라고 합니다.

즉, 용질은 쉽게 세포막을 통과하지 못하고 물은 세포막을 통과할 수 있을 때 세포막을 경계로 물이 이동합니다. 예를 들어, 신장(콩팥)의 세뇨관에서 모세 혈관으로 물이 재흡수될 때나 식물의 뿌리털이 주변 토양에서 물을 흡수하는 것 모두 삼투에 의한 것입니다.

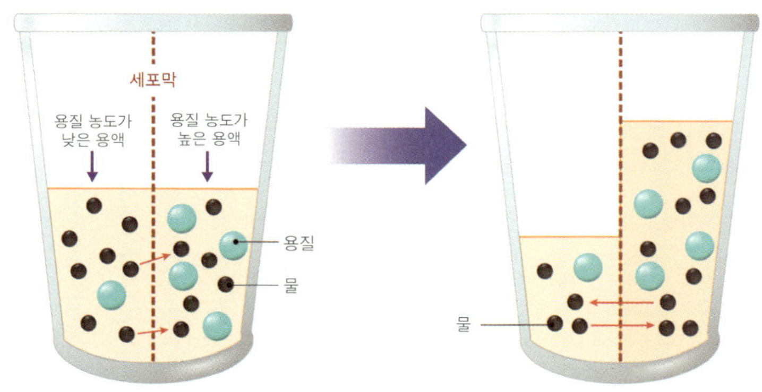

삼투 현상

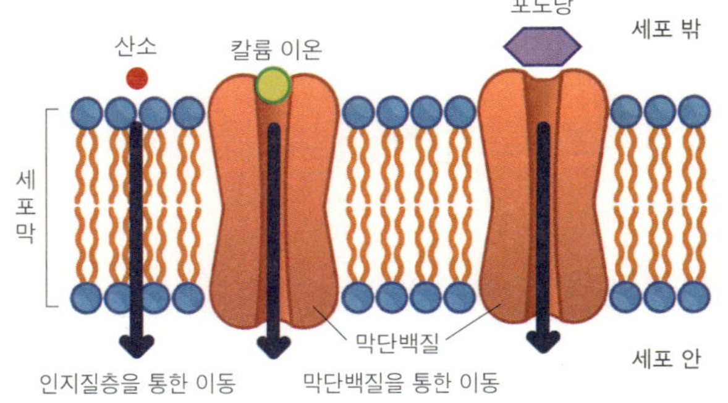

세포막을 통한 물질의 이동
세포막을 직접 통과하거나 막단백질을 이용해 물질이 이동하며, 막단백질을 통한 물질의 이동에 에너지가 소모되기도 한다.

나트륨 이온, 칼륨 이온 등과 같이 전하를 띤 물질이나 포도당, 아미노산 같은 물질은 친수성이어서 인지질 2중층 안쪽의 소수성 부분을 자유롭게 통과하기가 어렵다고 앞서 이야기했지요. 그래서 이 물질들은 세포막을 관통하고 있는 막단백질을 통해 이동합니다.

물질의 종류에 따라 통로 역할을 하는 막단백질이 다르기 때문에, 특정 단백질 통로로 특정 물질만이 선택적으로 이동할 수 있습니다. 통로 역할을 하는 단백질의 수가 많을수록 물질은 빠르게 이동합니다.

세포막을 이루는 인지질 2중층의 안쪽은 소수성이기 때문에 물과 친한 분자는 통과하기 어려우며 물과 친하지 않은 분자라도 크기가 크면 통과하기 어렵습니다. 하지만 세포의 생명 활동에 필요한 물질이라면 세포막을 구성하는 막단백질을 통해 물질이 이동하고, 때로는 에너지를 사용하여 물질을 이동시키기도 합니다.

이와 같이 세포막은 물질을 선택적으로 출입시키는 특성이 있으며, 세포막의 선택적 투과성에 의한 물질 출입 조절 덕분에 세포는 내부 환경을 일정하게 유지하고 외부 환경과 상호 작용함으로써 생명 현상을 원활하게 수행합니다.

식물 세포와 동물 세포에서의 삼투 현상

식물 세포에는 동물 세포에 없는 세포벽이 있다. 그래서 식물 세포와 동물 세포에서 삼투가 일어났을 때 나타나는 현상에 차이가 있다. 식물 세포인 양파 표피 세포를 용질의 농도가 세포 안보다 낮은 용액(저장액)에 넣으면 세포 안으로 들어가는 물의 양이 나가는 물의 양보다 많아 세포의 부피가 커지지만 세포벽이 있기 때문에 터지지 않는다.

양파 표피 세포를 용질의 농도가 세포 안과 같은 용액(등장액)에 넣으면 세포 안과 밖으로 이동하는 물의 양이 같아 세포의 부피는 변하지 않는다. 반면 양파 표피 세포를 용질의 농도가 세포 안보다 높은 용액(고장액)에 넣으면 세포 밖으로 나가는 물의 양이 들어오는 물의 양보다 많아 세포질의 부피가 작아지다가 결국에는 세포막이 세포벽에서 분리된다.

동물 세포인 적혈구를 저장액에 넣으면 적혈구 안으로 들어오는 물의 양이 많아지므로 적혈구는 부풀어 오르다가 터질 수 있다. 적혈구를 등장액에 넣으면 적혈구의 부피 변화는 없다. 눈 안에 넣는 생리적 식염수의 농도가 0.9% 소금물인 것은 이 농도가 사람의 적혈구 내부 농도와 같은 등장액이어서 눈에 넣어도 삼투로 인한 세포의 변형이 일어나지 않기 때문이다.

반면 적혈구를 고장액에 넣으면 적혈구 밖으로 빠져나가는 물이 많아지므로 적혈구가 쪼그라드는데 이를 현미경으로 관찰하면 별 모양처럼 보인다.

정상 적혈구	고장액에 넣었을 때의 적혈구	저장액에 넣었을 때의 적혈구

삼투에 의한 적혈구의 모양 변화

막을 통한 물질의 이동을 실험하고, 세포막의 역할 탐구하기

이 탐구에서는 양파의 표피 세포를 이용해 세포막을 통한 물질의 이동을 실험해 보고, 세포막이 세포의 생명 활동 유지에 어떤 역할을 하는지 파악한다. 적양파의 비늘잎에서 2개의 표피 조각을 벗겨낸 다음, 2개의 표피 조각 중 1개는 증류수가 들어 있는 페트리접시에, 다른 1개는 10% 소금물이 들어 있는 페트리접시에 일정 시간 동안 담가 둔다. 이후 적양파의 표피 조각을 각각 꺼내 현미경 표본으로 만들고 현미경으로 관찰한다.

양파의 표피 세포를 증류수에 넣으면 세포 밖에서 세포 안으로 들어오는 물의 양이 많아 세포의 부피가 커지며, 양파의 표피 세포를 10% 소금물에 넣으면 세포 안에서 세포 밖으로 나가는 물의 양이 많아 세포의 부피가 줄어들어 세포막이 세포벽으로부터 분리된다. 이처럼 양파의 표피 세포에서 세포막을 통한 물질 이동 실험을 통해, 세포막은 살아 있는 세포와 환경의 경계로서 물질의 이동을 조절하는 역할을 한다는 것을 알 수 있다. 또한 세포막을 경계로 세포 내 구조물과 세포를 둘러싼 환경 사이의 차이가 유지된다는 것도 확인할 수 있다.

2 물질대사의 핵심, 생체 촉매

물질대사, 효소, 활성화 에너지, 효소의 활용

운동으로 몸을 가꾸어 균형 잡힌 몸매를 가진 사람을 '몸짱'이라고 하지요. 몸짱이 되려면 규칙적으로 운동을 해야 하는 것은 물론, 근육을 만들기 위해 닭가슴살 같은 단백질 함량이 높은 음식물을 섭취해야 합니다.

닭가슴살을 먹으면 그 안에 들어 있는 단백질이 곧바로 체내로 흡수되어 근육이 만들어지냐고요? 그런 것은 아니고 위, 소장 같은 소화 기관에서 소화 과정을 거칩니다. 닭가슴살의 단백질이 크기가 작은 아미노산으로 분해되어야 세포 안으로 들어와 근육 형성에 필요한 단백질로 합성되는 것입니다.

이와 같이 우리 몸에서는 단백질이 분해되거나 합성되는 화학 반응이 일어나는데, 이를 물질대사라고 합니다. 사람을 비롯한 모든 생명체는 물질대사를 통해 생명 활동에 필요한 물질과 에너지를 얻습니다. 물질대사

물질대사를 어떻게 구분할까?

물질대사는 크게 물질의 합성과 분해로 구분한다.

아미노산 같은 작은 분자들의 결합으로 단백질 같은 큰 분자가 합성되는 물질의 합성을 동화 작용이라고 한다. 포도당 같은 큰 분자가 물과 이산화 탄소 같은 작은 분자로 분해되는 물질의 분해를 이화 작용이라고 한다.

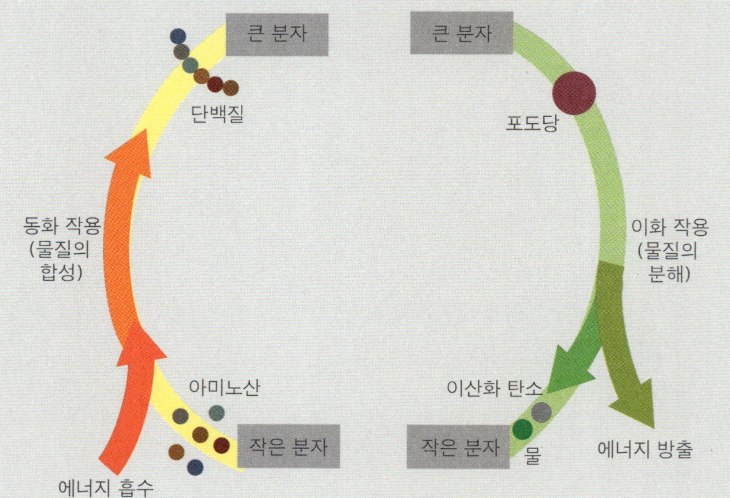

동화 작용과 이화 작용

동화 작용의 예로는 빛에너지를 흡수하고 이산화 탄소와 물을 이용하여 포도당을 만드는 작용인 광합성이 있으며, 이화 작용의 예로는 포도당을 물과 이산화 탄소로 분해하여 생명 활동에 필요한 에너지를 얻는 세포 호흡이 있다. 생명체는 물질대사를 통해 얻은 에너지와 물질을 이용해 생명을 유지하며 생장하고, 자손을 번식시킨다.

는 화학 반응이지만 생명체 밖에서 일어나는 화학 반응과는 다릅니다.

닭가슴살에 들어 있는 단백질이 생명체 밖에서 화학 반응을 통해 분해되려면 염산에 담가 200℃ 이상의 높은 온도에서 하루 동안 두어야 하지만, 생명체 안에서는 물질대사를 통해 35~37℃의 낮은 온도에서 1~2시간 만에 분해됩니다.

생명체 내에서 물질대사를 통해 단백질이 빠르게 분해될 수 있는 것은 화학 반응이 빠르고 쉽게 일어나도록 촉매 역할을 하는 물질이 존재하기 때문입니다. 이런 물질을 효소라고 합니다. 효소는 생명체 내에서 촉매 역할을 하는 단백질로서, 생명체 내에서 합성되기 때문에 생체 촉매라고 합니다. 효소는 화학 반응을 어떻게 도와주는 것일까요?

물질대사에서 효소의 역할

생명체 내에서 단백질이 아미노산으로 분해되는 화학 반응이 일어나려면 충분한 양의 에너지가 공급되어야 합니다. 이처럼 화학 반응이 일어나는 데 필요한 최소한의 에너지를 활성화 에너지라고 합니다.

아래 그림에서 효소가 없으면 왼쪽의 반응물이 오른쪽의 생성물로 되

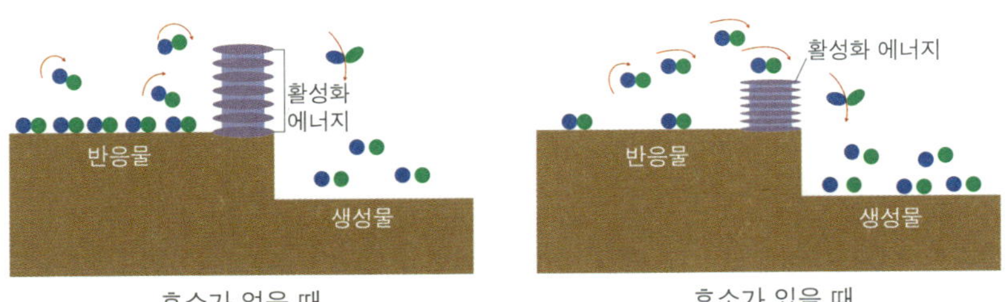

효소의 역할

는 데 높은 에너지 장벽, 즉 높은 활성화 에너지를 뛰어넘어야 합니다. 그러나 효소가 있으면 활성화 에너지가 낮아지므로 반응물이 에너지 장벽을 쉽게 뛰어넘어 반응이 빠른 속도로 일어납니다. 우리가 닭가슴살을 먹으면 닭가슴살의 단백질은 소화 기관에 들어 있는 단백질 분해 효소에 의해 빠른 시간 안에 아미노산으로 분해되어 흡수되지요.

효소는 생명체에서 일어나는 모든 화학 반응인 물질대사에 관여하여 생명 활동에 필요한 반응이 쉽게 일어날 수 있도록 해줍니다. 밥 한 숟가락을 크게 떠서 입안에 넣고 씹으면 잠시 후에 단맛을 느낄 수 있는데, 이는 소화 효소에 의해 녹말이 단맛이 나는 물질로 분해되었기 때문입니다. 몸에 상처가 나서 피가 났을 때도 효소의 작용으로 혈액이 응고되며, 단백질의 분해로 생성된 독성이 강한 암모니아를 독성이 약한 요소로 전환시키는 데에도 효소가 관여합니다.

식물이 빛에너지를 이용하여 광합성을 할 때도, 대장균이 포도당을 분해하여 에너지를 얻는 세포 호흡을 할 때도 마찬가지입니다. 사람뿐만 아니라 모든 생명체에서 효소가 작용함으로써 물질대사가 활발히 일어날 수 있으며, 이로 인해 생장, 번식 등의 생명 활동이 일어날 수 있습니다.

효소는 어떤 특성이 있을까?

우리가 밥을 먹었을 때와 닭가슴살을 먹었을 때 소화 기관에서 동일한 소화 효소가 작용할까요? 밥에는 녹말이, 닭가슴살에는 단백질이 들어 있고, 녹말과 단백질을 분해하는 효소는 종류가 다릅니다.

이와 같이 효소의 종류가 다른 까닭은 무엇일까요? 효소는 화학 반응을 촉진하는 과정에서 반응물과 일시적으로 결합합니다. 이때 자신의 구조에 맞는 반응물하고만 결합하여 활성화 에너지를 낮춥니다. 따라서 녹말을 분해하는 효소인 아밀레이스에는 단백질이 결합할 수 없으며, 단백질을 분해하는 효소인 트립신에는 녹말이 결합할 수 없습니다.

화학 반응이 끝난 후 효소는 어떻게 될까요? 효소는 반응이 일어나기 전과 후에 변하지 않습니다. 반응물과 결합하였던 효소는 반응이 끝나면 생성물과 분리되어 반응 전과 같은 상태가 되므로, 다시 다른 반응물과 결합하여 촉매 작용을 반복합니다.

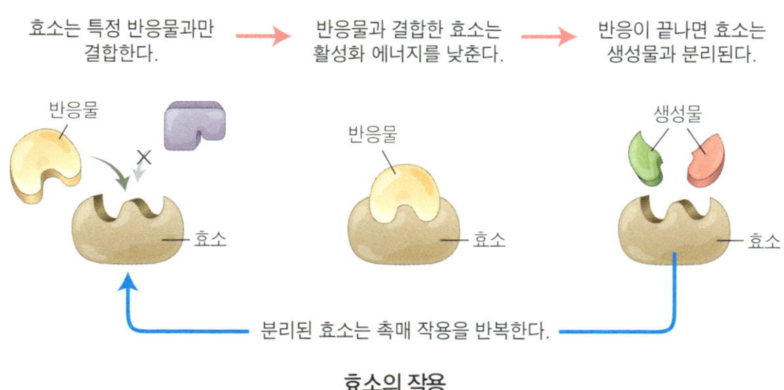

효소의 작용

효소의 주성분은 세포의 핵에 저장되어 있는 유전 정보에 따라 세포에서 합성되는 단백질입니다. 날달걀은 액체 상태지만 이를 가열하면 내용물이 단단해지면서 성질이 변합니다. 이를 통해 단백질이 주성분인 효소도 40℃ 이상의 높은 온도에서 성질이 변한다는 것을 알 수 있습니다.

효소의 성질이 변한다는 것은 효소의 입체 구조가 변한다는 것을 의미합니다. 입체 구조가 변한 효소는 반응물과 결합하지 못하므로 더 이상 촉매 작용을 할 수 없습니다.

카탈레이스의 촉매 작용을 예로 들 수 있습니다. 카탈레이스는 과산화 수소를 물과 산소로 분해하는 반응을 촉진하는 효소입니다. 대부분의 동식물 세포에 들어 있으며, 생명 활동 결과 생긴 독성이 강한 과산화 수소를 분해하여 세포를 보호하는 역할을 합니다. 과산화 수소수에 소의 생간 조각을 넣으면 카탈레이스의 촉매 작용으로 과산화 수소가 빠르게 분해되고, 이때 생성된 산소 때문에 거품이 발생합니다.

그러나 생간 조각 대신 익힌 간 조각을 과산화 수소수에 넣으면 산소 거품이 거의 발생하지 않습니다. 열을 가하여 생간을 익히는 과정에서 카탈레이스의 입체 구조가 변하여 촉매 기능을 잃었기 때문입니다. 이를 통해 생명체의 체온과 세포 안의 환경이 일정하게 유지되어야 효소가 원활히 작용하여 생명 시스템이 유지될 수 있음을 알 수 있습니다.

생명체 내에서는 무수히 많은 종류의 물질대사가 일어나므로 효소 또한 매우 다양합니다. 그리고 그중 한 가지 효소라도 없어지거나 이상이 생기면, 그 효소가 관여하는 물질대사에 이상이 생길 수 있습니다. 만약 소화 효소가 없다면 음식을 먹어도 영양소를 분해하여 흡수할 수 없는데, 그 예로 젖당 분해 효소 결핍증이 있습니다. 젖당 분해 효소 결핍증은 우유를 많이 마셨을 때 소화가 안 되거나 설사를 하는 증세를 말합니다. 이런 증세는 젖당을 분해하는 효소가 없기 때문에 생깁니다.

일상생활에서 효소를 어떻게 활용할까?

효소는 생명체 내에서만 작용할까요? 독일의 과학자인 에두아르트 부흐너(Eduard Buchner)는 단세포 생물인 효모를 갈아서 가루로 만들고 이것을 당과 함께 섞었더니 효소 작용에 의해 이산화 탄소와 에탄올이 생성된다는 것을 확인하였습니다. 부흐너의 실험 결과로 효소는 살아 있는 생명체 내에서뿐만 아니라 생명체 밖에서도 촉매 작용을 할 수 있다는 것을 알게 된 것입니다. 이를 계기로 효소를 우리의 일상생활에서 다양하게 이용하게 되었습니다.

불고기를 부드럽고 연하게 먹으려면 불고기 양념에 파인애플이나 키위를 갈아 넣으면 되지요. 그 이유는 파인애플이나 키위에 단백질 분해 효소가 있기 때문입니다. 족발이나 보쌈을 먹을 때 흔히 새우젓에 찍어서 먹는데, 새우젓에는 단백질과 지방을 분해하는 효소가 많아 돼지고기 소화를 도와줍니다.

우리의 전통 발효 식품인 고추장, 된장은 쌀을 주원료로 미생물이 가지고 있는 효소를 이용하여 만들며, 포도주, 막걸리, 맥주와 같은 술, 치즈, 요구르트도 효소를 이용해 만듭니다. 전통 음료인 식혜를 만들 때에는 발아시킨 보릿가루(엿기름)를 물에 담가서 얻은 엿기름 물을 넣습니다. 엿기름 물에는 탄수화물을 엿당으로 분해하는 효소가 들어 있기 때문입니다.

빨래 세제와 섬유 유연제에도 효소가 들어 있어 찌든 때와 얼룩을 제거할 뿐만 아니라 옷감을 부드럽게 보호해 주며, 우리가 매일 사용하는 치약 속에도 치아에 붙어 있는 탄수화물을 분해하는 효소가 들어 있습니다.

세안제 중에는 피부의 각질층을 분해하는 단백질 분해 효소가 들어 있는 제품이 있으며, 콘택트렌즈의 세정, 보존액에도 단백질 분해 효소가 있어 렌즈에 묻은 단백질 때를 제거해 줍니다.

건강 검진에서 소변 검사에 쓰는 검사지와 혈액 속 포도당의 양인 혈당량을 측정하는 혈당 측정기에는 포도당과 반응하는 효소가 이용됩니다. 염증이 생겼을 때 먹는 약 중에는 염증 유발 단백질을 분해하는 효소가 함유되어 있는 것도 있습니다. 과식을 하여 소화가 잘 안 될 때 소화 효소가 함유된 소화제를 먹으면 소화 작용에 도움이 됩니다.

이뿐 아니라 심장 마비 환자를 치료하기 위한 혈전 용해제 등 의약품에도 효소가 포함되며, 효소 의약품 생산으로 치료하기 어려운 여러 질병을 치료할 수 있게 되었습니다. 이처럼 효소는 일상생활에서뿐만 아니라 인간의 평균 수명을 연장하는 데에도 중요한 역할을 하고 있습니다.

생활 하수나 공장 폐수 속 오염 물질을 분해하고 독성을 없애는 데에도 미생물이 분비하는 효소가 이용됩니다. 최근에는 플라스틱 페트병을 분해하는 효소를 가진 세균이 발견되었으며, 이 세균에서 효소를 분리해 내는 연구가 진행되고 있습니다.

다양한 작용을 하는 효소들이 많이 발견되면서 옥수수 등을 이용한 바이오 에너지 생산, 섬유·의류 등 화학 제품 생산 등과 같이 여러 산업 현장에도 적극 활용되고 있습니다. 빵 반죽을 할 때는 효모를 넣고 발효시킨 후 빵을 구우면 부드럽고 식감이 좋은 빵을 얻을 수 있습니다. 이를 기반으로 제빵 산업에서는 효모가 만드는 효소뿐 아니라 녹말 분해 효소, 단백질 분해 효소 등 여러 효소를 함께 사용하여 다양하고 품질 좋은 빵들을 생산하고 있지요.

또한 사과 주스를 만들 때 펙틴 분해 효소를 이용하면 투명하면서 깔끔한 맛이 나는 주스를 얻을 수 있습니다. 청바지 옷감을 만드는 과정에서 섬유소 분해 효소를 이용하여 탈색되고 해진 느낌의 청바지를 만들며, 섬유소 분해 효소는 재생 펄프를 생산하는 데에도 이용되고 있습니다. 장갑, 가방 등 가죽을 이용한 제품 생산 과정에서 가죽의 털과 불필요한 단백질을 제거하기 위해 단백질 분해 효소를 이용하기도 합니다.

효소는 DNA와 관련된 생명과학 연구에 활용하기도 하는데, DNA를 자르는 제한 효소, DNA를 연결하는 효소, 적은 양의 DNA를 대량으로 증폭시키는 데 이용하는 효소 등이 있습니다.

특히 DNA를 대량으로 늘리는 기술에 사용되는 효소는 온천 같은 뜨거운 물속에 사는 세균에서 얻은 것으로, 이 효소의 발견으로 원하는 DNA를 많이 얻을 수 있게 되어 생명체의 유전 정보가 담긴 DNA 관련 연구가 더욱 발전하게 되었습니다.

DNA를 대량으로 늘리는 기술은 실생활에서도 응용됩니다. 예를 들어 야산에서 유골이 발견되었을 때 유골의 신원을 파악하거나, 범죄 현장에서 발견된 여러 증거물로 용의자를 밝혀내는 등 여러 분야에서 DNA를 분석할 때 이 기술이 활용되고 있습니다.

효소는 생명체 내에서 만들어진 물질이므로 위험성이 거의 없고 매우 친환경적이며, 생명체 밖에서는 매우 적은 양으로도 그 기능을 할 수 있습니다. 현재 과학기술의 발달로 다양한 효소가 발견되었고, 효소를 대량으로 생산하는 게 가능해져서 이용 분야가 점차 확대되고 있습니다. 이제 생명체 내에서뿐 아니라 생명체 밖에서도 인류의 윤택한 생활과 건강, 지구 환경 개선을 위한 효소의 활약을 기대해 봅니다.

효소 작용의 원리에 관한 실험하기

이 탐구에서는 과산화 수소를 물과 산소로 분해하는 효소인 카탈레이스를 이용해, 촉매 역할을 하며 화학 반응을 빠르게 일으키는 효소를 이해하도록 한다. 감자를 강판에 갈아 만든 감자즙에는 카탈레이스가 들어 있다. 표는 6홈판 중 홈1 ~ 3에 넣은 용액 실험 결과를 나타낸 것이다.

홈	1	2	3
넣은 용액	3% 과산화 수소수 + 증류수 10방울	3% 과산화 수소수 + 감자즙 10방울	3% 에탄올 + 감자즙 10방울
실험 결과	거품이 발생하지 않음	거품이 발생함	거품이 발생하지 않음

홈1과 2의 결과를 비교하면 카탈레이스가 없을 때보다 있을 때 과산화 수소가 빠르게 분해되어 산소 기체(거품)가 발생된다는 것을 알 수 있으며, 홈1과 3의 결과를 비교하면 카탈레이스는 과산화 수소를 분해하며, 에탄올을 분해하지 않는다는 사실을 알 수 있다. 감자즙 속의 카탈레이스는 과산화 수소 분해 반응에서 활성화 에너지를 낮추어주는 효소로 작용하여 과산화 수소의 분해를 촉진한다. 이 과정에서 산소 기체가 발생한다. 또한, 카탈레이스는 자신의 입체 구조와 맞는 과산화 수소와만 결합해 작용하므로, 과산화 수소가 아닌 에탄올의 분해 반응은 촉진하지 않는다는 사실을 알 수 있다.

3 세포 안에서 정보는 어떻게 흐를까?

최근 여름은 과거의 어느 해보다도 덥고 습한 데다가 한낮에는 내리쬐는 자외선 때문에 피부 손상을 걱정해야 할 정도였습니다. 뜨거운 햇살 아래에서 오랜 시간 활동하고 나면 피부는 평상시보다 검어지고, 사람에 따라서는 피부에 기미가 생기기도 합니다.

이는 자외선으로부터 피부를 보호하기 위해 멜라닌이라는 색소 물질이 만들어지기 때문입니다. 피부 세포에 멜라닌 함량이 많은 사람일수록 피부색이 더 검게 보이지요. 이런 멜라닌은 어떻게 만들어질까요?

멜라닌을 만드는 세포에는 멜라닌 합성 효소가 있으며, 이 효소의 작용으로 멜라닌이 합성됩니다. 그렇다면 멜라닌 합성 효소는 어떻게 만들어질까요? 멜라닌 합성 효소의 주성분은 단백질이고, 단백질 형성에 관한 정보는 유전자(DNA)에 저장되어 있습니다. 멜라닌 합성 효소 유전자에 저장된 정보에 따라 멜라닌 합성 효소가 만들어지며, 이 효소의 작용으로 멜라닌이 합성됨으로써 피부색이 갈색 또는 검은색을 띠게 되는 것입니다.

단백질은 피부색뿐만 아니라 귀 모양, 혀 말기, 쌍꺼풀, 머리카락 등과 같은 다양한 형질이 나타나게 합니다. 또한 생체 촉매인 효소, 신호 전달 물질인 호르몬, 병원체를 제거하는 항체의 구성 물질이자 세포의 주요 구성 성분으로서 생명 시스템을 구성하고 유지하는 역할을 수행합니다.

멜라닌 합성 과정에서와 같이 형질 발현뿐 아니라 생명 시스템 유지에 중요한 역할을 하는 단백질에 대한 정보는 유전자에 있습니다. 우리가 가진 유전자는 부모로부터 물려받은 것입니다. 유전자에 저장된 정보는 어떻게 단백질로 전달되는 것일까요?

생명의 연속성을 지키는 정보의 흐름

유전자는 핵산의 한 종류인 DNA에서 특정 단백질 형성에 관한 유전 정보를 가진 부위를 뜻합니다. 앞에서 살펴본 것과 같이 DNA를 구성하는 염기의 종류는 4가지인데, 4가지 염기가 배열된 순서에 따라 단백질 형성에 관한 정보가 결정됩니다.

단백질을 이루는 단위체는 아미노산이며, 어떤 아미노산이 어떤 순서로 배열되어 있느냐에 따라 단백질 종류가 결정됩니다. 따라서 유전자의 DNA에는 특정 단백질의 아미노산 종류와 순서에 대한 정보가 담겨 있는 것입니다.

A(아데닌), T(타이민), G(구아닌), C(사이토신) 4가지 염기로 단백질을 구성하는 20가지의 아미노산을 지정하려면 몇 개의 염기가 1조가 되어

야 할까요? 2개의 염기가 1조가 되면 4×4=16가지의 경우의 수가 있어 20가지의 아미노산을 모두 지정할 수는 없지만, 3개의 염기가 1조가 되면 4×4×4=64가지의 경우의 수가 있어 20가지의 아미노산을 모두 지정할 수 있습니다.

따라서 유전자의 DNA 염기 배열 순서에서 연속된 3개의 염기가 하나의 아미노산을 지정할 수 있습니다. DNA에서 하나의 아미노산을 지정하는 연속된 3개의 염기를 3염기 조합이라고 합니다. 3염기 조합은 세균에서부터 사람에 이르기까지 지구에 존재하는 모든 생물에서 동일합니다.

예를 들어 메티오닌이라는 아미노산을 지정하는 3염기 조합이 TAC라면 모든 생물에서 메티오닌의 3염기 조합은 TAC입니다. 이런 까닭에 사람이 가진 인슐린 유전자를 생명공학 기술로 대장균에 넣으면 대장균에서 사람 세포에서 만든 것과 동일한 인슐린이 만들어집니다. 생명체가 동일한 3염기 조합을 사용하는 것을 통해, 우리는 모든 생명체가 공통 조상으로부터 진화되어 왔음을 추측할 수 있습니다.

3염기 조합이 연속적으로 배열된 유전자로부터 어떤 과정을 거쳐 단백질이 만들어질까요? 유전자의 유전 정보는 RNA로 전달되고, 세포 소기관인 리보솜에서 단백질이 합성됩니다. 이때 유전자로부터 RNA가 만들어지는 과정을 전사라고 하며, 전사를 통해 만들어진 RNA가 리보솜과 결합하여 RNA에 전달된 정보에 따라 단백질이 합성되는 과정을 번역이라고 합니다.

DNA의 3염기 조합이 전사되어 형성된 RNA의 연속된 3염기를 코돈이라고 합니다. 전사가 일어날 때 DNA의 염기가 배열된 순서에 따라 상보적으로 짝이 되는 염기가 결합하면서 RNA가 합성됩니다. RNA를 구성하는 염기의 종류는 유라실(U), A(아데닌), G(구아닌), C(사이토신)이며, DNA의

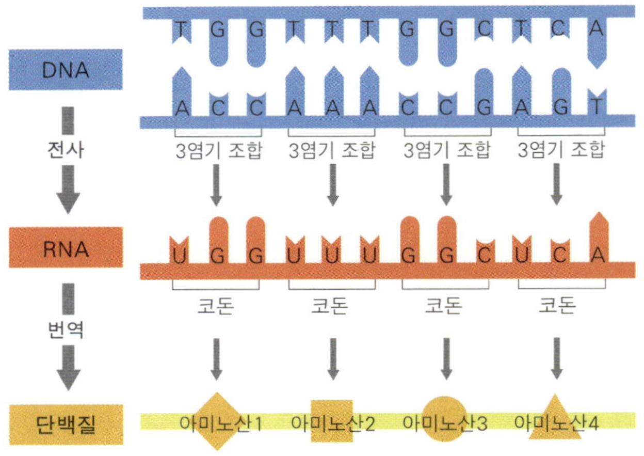

유전 정보의 흐름
유전자(DNA)에 저장된 유전 정보는 'DNA → RNA → 단백질'의 순서로 전달된다.

염기 A, G, C, T의 상보적 짝이 되는 RNA의 염기는 순서대로 U, C, G, A입니다.

예를 들어 DNA의 3염기 조합이 AGC이면 이에 대응하는 RNA의 코돈은 UCG이며, 코돈 UCG는 세린이라는 아미노산을 지정합니다. 이처럼 RNA의 코돈이 합성될 때 유전 정보는 DNA에서 RNA로 전달되고, RNA의 코돈에 따라 아미노산이 지정되어 단백질이 합성됩니다.

DNA는 2개의 가닥으로 이루어져 있으며, 2개의 가닥 중 한 가닥이 전사에 이용됩니다. 위 그림에서 전사에 이용되는 DNA 가닥의 염기 서열은 ACCAAACCGAGT이고, 이 가닥으로부터 전사된 RNA의 염기 서열은 UGGUUUGGCUCA이며, 이 RNA에 있는 코돈은 UGG, UUU, GGC, UCA입니다. 이 코돈들이 각각 지정하는 아미노산이 코돈이 배열된 순서에 따라 결합하여 단백질이 만들어지는 것입니다.

합성된 단백질 중에는 헤모글로빈과 같이 세포의 구성 성분이 되는 것도 있고, 생명체에서 형질이 나타나게 하는 것도 있으며, 효소와 같이 생명 현상이 유지되도록 작용하는 것도 있습니다.

지구에 존재하는 모든 생명체는 DNA를 전사하여 RNA를 만든 후, 코돈을 번역하여 단백질을 합성합니다. 이와 같이 유전자에 저장된 유전 정보가 유전자(DNA) → RNA → 단백질 순으로 전달되는 것을 세포 내 정보의 흐름이라고 합니다.

그런데 왜 DNA에서 RNA가 만들어지는 과정을 전사, RNA로부터 단백질이 합성되는 과정을 번역이라고 할까요? 전사는 글이나 그림을 옮겨 베끼거나 말소리를 음성 문자로 옮겨 적는다는 의미가 있습니다. DNA의 유전 정보가 RNA로 옮겨질 때 그대로 복사되므로 전사의 사전적 의미와 통하지요. 그래서 DNA에서 RNA가 만들어지는 과정을 전사라고 하는 것입니다.

번역은 어떤 언어로 된 글을 다른 언어로 옮기는 것을 의미합니다. RNA로부터 단백질이 합성되는 과정은 RNA에 염기의 순서대로 저장되어 있는 정보를 아미노산의 종류와 순서로 바꾸는 과정이기 때문에 번역이라고 하는 것입니다.

현재까지 확인한 바로는 지구에 살고 있는 생명체는 모두 유전 물질로 DNA를 가지고 있습니다. 모든 생명체는 DNA에 있는 유전자의 염기 서열에 담겨 있는 유전 정보를 이용하여 단백질을 합성하는데, 이때 동일한 유전 부호와 동일한 방식으로 유전 정보가 전달됩니다.

유전 정보 전달 방식은 지구에 최초의 생명체가 출현한 후 현재까지 계속 사용되고 있으며, 부모와 자손에서도 동일한 방식으로 단백질 합성이 이루어지므로, 생명체는 세대를 거듭하여 생명의 연속성을 유지할 수 있는 것입니다.

유전 정보에 이상이 생긴다면?

세포 내 정보의 흐름에 따라 DNA의 유전 정보가 RNA를 거쳐 단백질로 합성됩니다. 만약 단백질 합성에 관한 정보를 담고 있는 DNA에 이상이 생긴다면 어떻게 될까요?

혈액에 들어 있는 적혈구에는 단백질인 헤모글로빈이 있으며, 헤모글로빈은 산소를 운반하는 역할을 합니다. 적혈구는 둥근 원반 모양으로 가운데가 오목하게 들어간 형태입니다. 건강한 사람이라면 누구나 둥근 원반 모양의 적혈구를 가지고 있습니다. 그런데 낫 모양 적혈구 빈혈증을 나타내는 사람의 경우에는 적혈구가 낫 모양입니다. 헤모글로빈의 구조가 정상적인 헤모글로빈과 다른 것입니다. 낫 모양 적혈구에 들어 있는 헤모

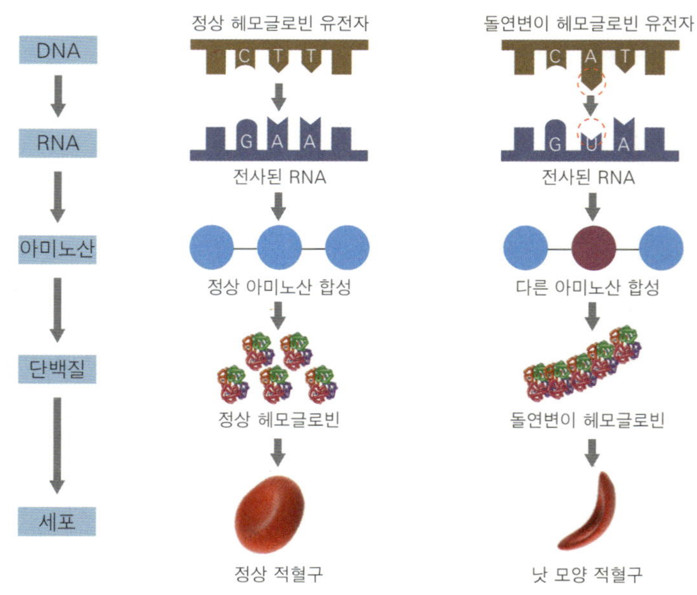

정상 적혈구와 낫 모양 적혈구의 형성

유전자 이상으로 인해 물질대사에 이상이 생긴 사례

아기가 태어났을 때 부모들이 가장 궁금한 게 무엇일까? 아마도 아기에게 눈, 코, 귀, 입, 손, 발이 모두 정상적인 모습으로 갖추어져 있는가일 것이다. 선천적으로 특정 효소가 없는 아기는 갓 태어났을 때는 건강하게 보이지만 차츰 시간이 지날수록 몸에 이상이 나타나기 시작한다. 이와 같이 특정 효소의 결핍으로 물질대사에 이상이 생기는 질환(선천성 대사 이상 질환) 중 하나가 페닐케톤뇨증이다.

페닐케톤뇨증은 아미노산의 한 종류인 페닐알라닌을 분해하는 효소의 유전자에 변이가 일어나 생긴 열성 유전자를 부모로부터 각각 물려받아 발병한다. 페닐케톤뇨증은 생후 6~12개월에 걸쳐 증상이 나타나기 시작하는데, 이때 치료받지 않으면 심각한 뇌 손상을 입고 학습장애를 겪게 된다.

우리나라에서는 모든 신생아를 대상으로 페닐케톤뇨증을 비롯한 대표적인 6가지 선천성 대사 질환을 확인하는 검사를 실시하고 있다. 이 검사는 출생 후 일주일 이내에 신생아의 발뒤꿈치를 작은 바늘로 찔러서 소량의 혈액을 검사용 카드에 떨어뜨리고 혈액을 분석하여 진행한다.

선천성 대사 이상 질환은 대부분 겉으로 증상이 드러나지 않고, 유전자 돌연변이로 발생한 것이므로 완치가 어렵다. 그러나 출생 직후 혈액 검사로 빠르게 이상 유무를 파악한 후 조기 치료를 하면 선천성 대상 이상으로 발생하는 질병의 고통을 줄일 수 있다.

글로빈의 구조가 정상과 다른 이유는 헤모글로빈 유전자의 염기 서열에서 염기 1개가 돌연변이에 의해 바뀌었기 때문입니다.

이로 인해 RNA에 전달된 정보가 달라지고, 달라진 정보에 따라 헤모글로빈을 구성하는 1개의 아미노산이 원래와 다르게 합성됩니다. 그 결과

헤모글로빈의 입체 구조가 바뀌면서 헤모글로빈끼리 결합하여 길쭉한 구조를 이루게 되고, 이러한 구조물이 적혈구 안을 채워 원반 모양의 정상 적혈구 대신 낫 모양의 적혈구가 만들어지는 것입니다.

낫 모양 적혈구는 원반 모양의 정상 적혈구보다 쉽게 파괴되어 산소를 운반하는 능력이 떨어집니다. 그래서 빈혈을 일으키지요. 낫 모양의 적혈구가 서로 뭉쳐져서 모세 혈관을 막아 콩팥, 뇌 등 여러 기관에 손상을 일으키기도 합니다.

이와 같이 유전자에 담긴 정보가 달라지면 이로부터 합성되는 단백질의 구조가 달라질 수 있으므로, 유전자는 생명 설계도라고 할 수 있습니다.

탐구 활동 파헤치기

세포 내 유전 정보의 흐름 확인하기

이 탐구에서는 DNA의 유전 정보로부터 단백질이 만들어지는 과정을 표현해 본다. 아래 표는 주사위 숫자, 전사에 사용되는 DNA 가닥의 3염기 조합, 각 3염기 조합에 대응되는 코돈, 아미노산 모형을 나타낸 것이다.

주사위 숫자	3염기 조합	코돈	아미노산 모형
1	TAC	AUG	★
2	ACG	UGC	◆
3	GTA	CAU	■
4	AGC	UCG	●
5	CCA	GGU	♥
6	CTG	GAC	▲

모둠별로 한 사람씩 돌아가며 주사위를 던져서 나온 숫자에 해당하는 3
염기 조합을 순서대로 써보고, 이에 대응하는 RNA의 코돈을 쓴 다음, 번역
이 일어난 단백질의 아미노산 모형을 그려본다. 다음은 위 활동의 결과 예시
를 나타낸 것이다.

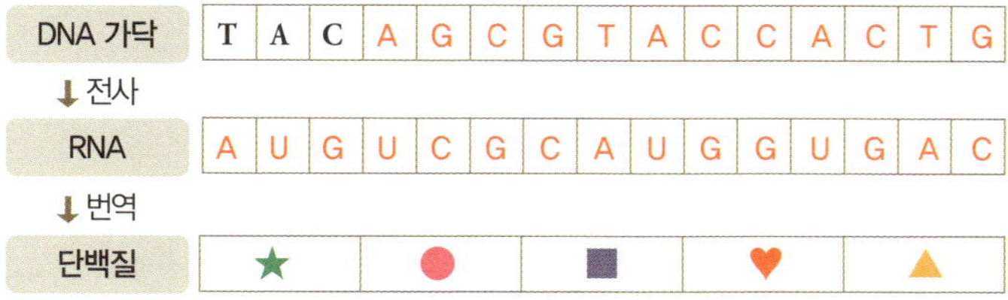

모둠별로 단백질의 아미노산 배열 순서가 같은지, 다른지 확인해 보고,
이를 통해 우리 모둠과 다른 모둠이 전사에 사용하는 DNA(유전자) 가닥의
3염기 조합이 서로 다를 경우, RNA의 코돈 배열 순서와 단백질의 아미노산
배열 순서가 서로 달라지는 결과를 알 수 있다.

이 활동을 통해 DNA의 유전 정보(3염기 조합 배열 순서)가 RNA의 코돈
배열 순서로 바뀌는 '전사'와 RNA의 코돈 배열 순서가 단백질의 아미노산
배열 순서로 바뀌는 '번역' 과정을 거치는 정보의 흐름이 일어나야 단백질이
합성된다는 사실을 확인할 수 있다. 또한, 단백질의 작용으로 다양한 형질이
나타나고, 생명 활동이 이루어짐으로써 생명 시스템이 유지된다는 점을 이
해할 수 있다.

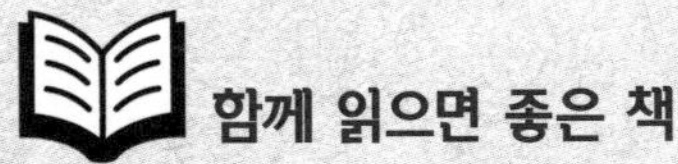

함께 읽으면 좋은 책

1장 세상을 어떻게 측정할 수 있을까?

『미터 군과 판타스틱 단위 친구들』(2020). 우에타니 부부 지음, 오승민 옮김, 더숲

길이, 시간, 질량 등 다양한 측정 영역의 단위들이 사랑스러운 만화 캐릭터로 변신해 한껏 자신을 소개한다. 국제 도량형 총회에서 결정한 일곱 가지 국제단위계(SI) 즉, '미터(길이)', '초(시간)', '킬로그램(질량)', '암페어(전류)', '켈빈(온도)', '칸델라(광도)', '몰(물질량)'을 기본 단위로 삼아, 이들 단위 세계를 만화로 쉽고 재미있게 풀어낸다. 수학과 과학은 물론 일상생활에서도 두루 쓰이는 기본 단위의 탄생 배경부터 정의 방법, 다른 단위와의 비교까지 소개한다.

『과학과 공학의 기초를 쉽게 정리한 단위·기호 사전』(2019). 사이토 가쓰히로 지음, 조민정 옮김, 그린북

과학 교과서나 과학 관련 서적에 등장하는 여러 가지 단위와 기호를 종합적으로 정리한 책이다. 이 책은 수학, 물리학, 화학, 공학, 천문학 등 다양한 영역에 걸친 단위를 이해하기 쉽게, 근본 원리부터 차근차근 짚어가며 설명한다. 단위 자체를 단순히 개념적, 사전적으로 정의만 하는 데 그치지 않고, 단위가 탄생하게 된 역사적인 배경과 원리를 해설하면서 과학적 현상을 뒷받침하는 이론까지 함께 소개한다. 국제도량형총회에서 결정한 일곱 가지 국제단위계(SI) 즉, '미터(길이)', '초(시간)', '킬로그램(질량)', '암페어(전류)', '켈빈(온도)', '칸델라(광도)', '몰(물질량)'뿐만 아니라, 자연계와 양자 세계, 화학과 공학 및 우주 단위까지도 폭넓게 다룬다.

2장 물질은 어떻게 생겨나고 모였을까?

『주기율표로 세상을 읽다』(2017). 요시다 다카요시 지음, 박현미 옮김, 해나무

주기율표를 보는 방법을 매우 효과적이고 친절하게 가르쳐주는 책이다. 초신성의 폭발로 등장한 다양한 원소들, 존재량이 많은 원소를 활용하는 생명체, 자석을 더욱 강하게 만드는 희토류, 인체가 착각해서 받아들이는 독성 물질 등 우주·지구·인체를 둘러싼 흥미로운 원소 이야기를 만날 수 있다.

『폴링이 들려주는 화학 결합 이야기』(2010). 최미화 지음, 자음과 모음
이 책에서는 우리 눈에 보이는 모든 것이 무엇으로, 어떻게 이루어졌는지 알아본다. 물과 친한 분자는 무엇이고, 친하지 않은 분자는 무엇인지, 플라스틱은 왜 물에 녹지 않는지, 세상에서 가장 작은 물질인 원자는 어떻게 구성되어 있는지 등을 배울 수 있다.

『우주 생명 오디세이』(2009). 크리스 임피 지음, 전대호 옮김, 까치
"저 광활한 우주는 어떻게 시작되었고, 인간을 포함한 생명은 어떻게 탄생했을까?" 이 책은 밤하늘을 바라보며 별과 우주에 대해 생각하는 인간이라면 가질 법한 질문에 대한 답을 담고 있다. 코페르니쿠스 혁명, 우주화학을 통한 생명의 기원, 극한의 미생물들, 태양계의 지구와 생명체에 대한 다양한 이야기를 만날 수 있다.

『한 권으로 충분한 지구사』(2010). 가와카미 신이치·도조 분지 지음, 박인용 옮김, 전나무숲
46억 년간 진행된 지구의 역동적인 변화를 6개의 주요 사건(지구의 형성과 생명의 탄생, 대륙 지각의 기원, 광합성의 시작, 초대륙의 형성, 다세포 동물의 출현, 고생대말 생물 대량 멸종)으로 나누어 이야기 형식으로 서술한 책이다. 판 구조론, 퇴적학, 지구 내부의 특징에 대한 자세한 설명부터 인류의 출현까지 다루고 있다.

3장 자연은 어떤 물질로 이루어져 있을까?

『이중나선(개정판)』(2019). 제임스 왓슨 지음, 최돈찬 옮김, 궁리
DNA의 이중 나선 구조를 밝혀낸 왓슨이 동료인 프랜시스 크릭과 함께 DNA의 구조를 밝히기까지의 과정을 담아낸 책이다. DNA 분자 구조를 밝히기 위한 여러 과학자들 간의 경쟁과 갈등, 실패와 좌절, 우연히 떠오른 영감 등이 생생하게 묘사되어 있고 DNA의 분자 구조를 더 자세히 이해할 수 있다.

『10만 종의 단백질』(2017). 뉴턴코리아 편집부 지음, 아이뉴턴(뉴턴코리아)
콩, 소고기, 생선 등과 같은 음식물 속에 들어 있는 단백질을 영양소로만 인식하는 경우가 많

다. 그러나 단백질은 근육, 머리카락 등을 구성하는 물질이자 효소, 항체, 호르몬 등으로 작용하기도 한다. 만약 우리 몸에 단백질이 없다면 생명 활동은 일어나지 않을 것이다. 이 책은 단백질의 구조, 종류, 기능 등을 글과 그림으로 쉽게 이해할 수 있도록 해주는 '단백질 입문서'라고 할 수 있다.

4장 지구 시스템 속에서 살아가는 우리

『**천재지변 탐사학교**』(2008). 자연탐사학교 지음, 청어람미디어

현장 교사들이 중심이 되어 서술한 책이다. 지구가 겪게 되는 다양한 천재지변을 구분하여 1교시에는 태풍, 번개, 토네이도를, 2교시에는 지진, 화산, 산사태를, 3교시에는 지구 온난화, 대기 오염, 물 부족 문제를, 4교시에는 천체 충돌, 지구 자기권에 대해 다룬다. 이 과정에서 독자들이 지구 시스템을 구성하는 여러 권들의 상호 작용에 대해 이해할 수 있도록 했다.

『**내가 사랑한 지구**』(2015). 최덕근 지음, 휴먼사이언스

40여 년간 암석과 화석을 연구한 저자의 삶과 지구에 대한 철학이 배어나는 서술로 판 구조론에 대해 이야기하는 책이다. 지질학이라는 학문을 정립시키는 데 기여한 과학자들 이야기, 베게너의 대륙이동설, 해양저 확장설과 지구자기장에 관한 이야기, 판 구조론이 나오기까지의 과정을 흥미진진하게 서술했다.

5장 역학적 시스템, 힘과 운동은 어떻게 작용할까?

『**어메이징 그래비티**』(2012). 조진호 지음, 궁리

중력을 둘러싼 주요 개념들이 어떤 식으로 변화해 왔는지를 펼쳐내는 과학 만화이다. 30여 명의 철학자와 과학자들이 엎치락뒤치락 반전에 반전을 거듭하는 흥미진진한 구성이 돋보인다. 이 책을 통해 중력이 무엇인지 제대로 알고 시시각각 변해온 우주관에 대해서 이해할 수 있다. 중력에 대한 이해가 어떻게 우주를 이해하는 것으로 이어지는지 살펴볼 수 있는 기회가 될 것이다.

『과학사(개정판)』(2013). 김영식·박성래·송상용 지음, 전파과학사

과학 분야에 종사하게 될 많은 학생들에게 과학의 진정한 의미를 깨닫게 할 책이다. 인류의 과학 발전이 전개된 과정과 의미를 학습하면서 과학의 발전이 어느 개인의 연구 성과로 이루어진 것이 아님을 밝힌다. 과학적 발견과 성과가 나타나게 된 배경을 이해함으로써 좀 더 사회적인 맥락으로 과학사를 바라볼 수 있게 도움을 줄 것이다.

6장 유기적이고 정교한 체제, 생명 시스템

『생명: 그 아름다운 비밀에 대해 과학이 들려주는 16가지 이야기』(2014). 송기원 지음, 로도스

'생명'의 본질과 기원에 대한 16가지의 질문을 통해서 복잡한 생명 현상을 쉽고 명쾌하게 설명한다. 생명을 '생명의 본질과 기원', '생명의 발생, 재생산 그리고 노화', '생명의 현상 그리고 윤리'로 구분하여 생명에 대한 기본 지식뿐 아니라 생명에서 비롯된 여러 현상들이 무엇이며, 우리에게 어떤 영향을 주는지 살펴본다.

『우타쌤 김우태의 한눈에 사로잡는 생명과학 개념편』(2013). 김우태 지음, 들녘

고등학교 생명과학 교과서의 내용을 이해하는 데 필요한 기본 개념들을 상세히 설명하고 있다. 생물체의 특성과 구조, 생물을 구성하는 기본 구조인 세포, 물질대사와 효소의 역할 등 생물의 기본 개념에 대해 체계적으로 서술하고 있으며, 사람 중심의 생명 현상을 탐색하고 이해함으로써 자신이 속한 지구 생태계에 대해서도 생각해 볼 수 있도록 구성되어 있다.

본문 일러스트 | 김소정·송승희
본문 사진 | 셔터스톡

통합과학 교과서 한 번에 통과하기 1

초판 1쇄 2020년 1월 6일
초판 3쇄 2023년 11월 20일
개정판 1쇄 2025년 6월 25일

지은이 | 신영준·김호성·박창용·오현선·이세연
펴낸이 | 송영석

주간 | 이혜진
편집장 | 박신애 **기획편집** | 최예은·이나연·조아혜
디자인 | 박윤정·유보람
마케팅 | 김유종·한승민
관리 | 송우석·전지연·채경민

펴낸곳 | (株)해냄출판사
등록번호 | 제10-229호
등록일자 | 1988년 5월 11일(설립일자 | 1983년 6월 24일)

04042 서울시 마포구 잔다리로 30 해냄빌딩 5·6층
대표전화 | 326-1600 **팩스** | 326-1624
홈페이지 | www.hainaim.com

ISBN 979-11-6714-117-0
ISBN 979-11-6714-116-3(세트)

파본은 본사나 구입하신 서점에서 교환하여 드립니다.